天人合一 万物并育

中华生态智慧讲读

乔清举——著

GUANGXI NORMAL UNIVERSITY PRESS
广西师范大学出版社
·桂林·

TIANREN HEYI WANWU BING YU ZHONGHUA SHENGTAI ZHIHUI JIANG DU
天人合一，万物并育——中华生态智慧讲读

出版统筹：李闰华　　选题策划：李茂军　戚　浩
品牌总监：张少敏　　责任编辑：李茂军　时艳艳
质量总监：李茂军　　美术编辑：刘淑媛
责任技编：郭　鹏　　营销编辑：赵　迪

图书在版编目（CIP）数据

天人合一，万物并育 ：中华生态智慧讲读 / 乔清举著. -- 桂林 ：广西师范大学出版社，2025. 8. -- ISBN 978-7-5598-8193-9

Ⅰ. X321.2-49

中国国家版本馆 CIP 数据核字第 2025L24N21 号

广西师范大学出版社出版发行
（广西桂林市五里店路 9 号　邮政编码：541004
网址：http://www.bbtpress.com）
出版人：黄轩庄
全国新华书店经销
北京博海升彩色印刷有限公司印刷
（北京市通州区中关村科技园区通州园金桥科技产业基地环宇路 6 号
邮政编码：100076）
开本：787 mm × 1 020 mm　1/16
印张：20.75　　　字数：184 千
2025 年 8 月第 1 版　　2025 年 8 月第 1 次印刷
定价：78.00 元

序

探寻中华优秀传统生态智慧

“自然”是一个大家再熟悉不过的词语了。看到它，我们会不由自主地想到由人类之外的一切存在物构成，在英文里叫 nature 的自然界。

迄今为止，人类文明经历了采集渔猎、农业、工业几个阶段。在采集渔猎文明阶段，人匍匐于自然的威力之下。在农业文明阶段，人顺应自然。在工业文明阶段，人力图控制和征服自然，克服环境的制约，获得物质财富的增加和精神文明的进步。但是，众所周知，自工业革命以来，环境污染和生态破坏已经危及自然本身。人类是附着在自然发展的进程上，依托自然而存在的。皮之不存，毛将焉附？自然被破坏了，人类存在的基础也就消失了。所以，从二十世纪五十年代以来，反思工业化的生产、生活方式，提倡环境保护、生态保护，成为国际学术界的一个潮流。我国从二十世纪七十年代起即致力于环境保护、可持续发展。十八大以来，我国进入了自觉的生态文明建设新时代。党的十九大报告指出，建设生态文明是中华民族永续发展的千年大计。必须树立和践行绿水青山就是金山银山的理念……建设美丽中国。党的二十大报告提出，大自然是人类赖以生存发展的基本条件。尊重自然、顺应自然、保护自然，是全面建设社会主义现代化国家的内在要求。必须牢固树立和践行绿水青山就是金山银山的理念，站在人与自然和谐共生的高度谋划发展。生态文明建设需要生态文化与理论的支持。中华优秀传统文化博大精深，其中有没有生态哲学智慧？能否为生态文明建设提供有益滋养？

答案是肯定的。中华优秀传统文化中，生态哲学智慧不仅有，而且很丰富、深刻和系统。事实上，在英文中，作为自然界意义的“自然”也是到西方近代以后才产生的。此前的“自然”主要指万物自我生长的特性。这反倒和中华优秀传统文化中的“自然”相似。在中华优秀传统文化的哲学部分，“自然”的首要含义不指自然界，而是指事物自我生长、自己而然的特性。

中华优秀传统文化认为，自然是生生不息的过程，是生机盎然的状态，人生活在自然的美中。自然是由气构成的，“通天下一气耳”。自然是运动的。气分为阴阳，阴阳相互作用推动事物运动。天地万物形成于“无极而太极”的过程中。“天地之大德曰生”，就是说，天地的伟大的德性或特性就是孕育和生长万物。“生生之谓易”。生生不息是自然运动发展的方向，也是自然的合目的性。这又叫作“天地之心”，也叫“仁”。仁是自然的“生意”、生机。这跟我们过去理解的仁很不一样，大可玩味。孔子说仁是“爱人”，孟子说“仁，人心也”，可见仁是人的德性。现在我们发现，仁还是自然的本质、本体。仁既是自然的本体，具有客观性；又是人的德性，具有主观性，这就意味着它是人和自然相统一、主观和客观相统一的枢纽。从生态的角度出发，我们发现了“天人合一”更为深刻的含义。中华优秀传统文化要求人从仁心德性出发对待自然界，主张“仁民而爱物”“爱人以及物”“物吾与也”。具体地说，对待动物要“德及禽兽”，对待植物要“泽及草木”，对待土地山川要“恩及于土”“恩及于水”“德至山陵”；要尊重自然的权利，维持自然的健康生命。由此，历史上产生了大量维持和保护环境的政令与法规，这些都构成中华优秀传统生态哲学的内容。

2023年6月2日，习近平总书记在文化传承发展座谈会上指出，中华优秀传统文化有很多重要元素，共同塑造出中华文明的突出特性。关于传统生态理念，习近平总书记提到了“天人合一,万物并育”。人与自然的关系是人类存在的基础。中华优秀传统生态哲学为五千年中华文明贞下起元、历久弥新，提供了坚实的理论基础。我们今天提高生态觉悟，涵养生态德性，构建生态文化，建设生态文明，实现人与自然和谐共生，离不开中华优秀传统生态智慧的丰厚滋养。中华优秀传统生态智慧也将为全球生态文明建设和生态哲学创建贡献中华智慧。认识、体会和践行这些智慧，对于我们开阔胸襟，丰富心灵，提高境界，自觉地选择人与自然和谐的现代化、健康的生活方式，过上宁静愉悦而又美好的人生也会大有裨益。

-目　录-

第一章
生活在自然的美中

第二章

什么是“自然”？

第三章

什么是人？

第四章

中国古代哲学对待自然整体的不同观点

第五章

中华生态智慧的主流是“为天地立心”

第六章

怎么对待动物？“德及禽兽”

第七章

怎么对待植物？“泽及草木”

第八章

怎么对待土地山川？恩至土地山川

第一章

生活在自然的美中

第一章

导读：这一章是对全书的扼要说明。若把全书比作画龙，则这一章类似点睛；主要观点有自然是真、善、美、如的统一，美是健康的生态，美是自然的生意，自然的生意是仁，用道德的态度对待自然，呵护自然的美，等等。难解之处会在不同章节予以说明，请耐心阅读。

引子 人诗意地栖居在大地上

在我们的先人笔下，自然是优美的，人与自然是和谐的。众所周知，

《诗经》是我国最早的一部诗歌总集，里面很多诗歌，无论是采用赋、比、兴的哪种表达方式，都有一个共同特点，就是把人置于自然的美中。

用赋的手法的诗如《芣苢》：

来呀来采车前草，采起来呀采起来。
来呀来采车前草，采呀采得真不少。
来呀来采车前草，一片一片摘下来。
来呀来采车前草，一把一把捋下来。

采采芣苢，薄言采之。
采采芣苢，薄言有之。
采采芣苢，薄言掇之。
采采芣苢，薄言捋之。

——《芣苢》

明 沈周《京江送别图》

用比的手法的诗如《天保》：

您如同明月上弦将要满。

您如同旭日初升放光明。

您如同南山屹立永不崩。

您如同松柏长青永茂盛。

如月之恒，如日之升。

如南山之寿，不骞不崩。

如松柏之茂，无不尔或承。

——《天保》

南宋大哲学家朱熹（下文称“朱子”）说本段用的是赋，也对。其实，《诗经》中赋、比、兴也不是截然分开的。这段可谓众比为赋或集比为赋，即把不同的比喻放在一起形成滚滚而来的铺陈展开。

用兴的诗篇就更多了。如，《关雎》用“关关雎鸠，在河之洲”引出“窈窕淑女，君子好逑”；《桃夭》用“桃之夭夭，灼灼其华”引出“之子于归，宜其室家”；《淇奥》用“瞻彼淇奥，绿竹猗猗”引出“有匪君子，如切如磋，如琢如磨”；《蒹葭》用“蒹葭苍苍，白露为霜”引出“所谓伊人，在水一方”；等等，不一而足。

统看赋、比、兴，共同的特点就是把人置于自然的美中。《芣苢》描述了人在自然中劳动的场景，《天保》把人与明月、旭日相比拟，《关雎》《蒹葭》则设置了一个优美的自然环境，然后从中走出人。景中有了人，环境就变成了场景。场景表现了人在自然中的存在，暗示了人和自然的统一。

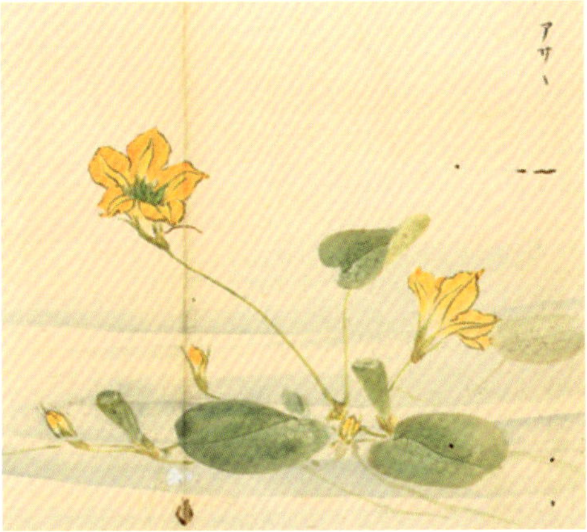

参差荇菜，左右流之。
窈窕淑女，寤寐求之。
——《关雎》

蒹葭苍苍，白露为霜。
所谓伊人，在水一方。
溯洄从之，道阻且长。
溯游从之，宛在水中央。
——《蒹葭》

桃之夭夭，灼灼其华。
之子于归，宜其室家。
——《桃夭》

日本　细井徇　《诗经明物图解》(节选)

《尚书》指出“诗言志”。志是“心之所之”，“之”（后一个）是走动的意思，“心之所之”就是心所要表达的情感和思想内容。孔子曾让他的弟子们陈述自己的志向，子路、冉有等人各自表达了治国安邦的设想，得到了孔子不同程度的指点、肯定和赞许。只有曾点说：“待到春暖时节，穿上春装，和五六个朋友，带上六七个童子，到沂河里沐浴，在舞雩台上晒晒太阳、吹吹风，然后回来，一路唱着歌。”孔子感慨地说：“我赞同曾点的志向。”北宋哲学家程颢有首诗说：“云淡风轻近午天，傍花随柳过前川。时人不知余心乐，将谓偷闲学少年。”孔子为什么赞成曾点？程颢为什么感到乐？自然是本真的，它不刻意与人对峙、对立。人在自然的美中能够摆脱各种心灵羁绊，呈现出自己的本真。本真，就是美，也就是乐。所以，不能把欣赏自然降格为游山逛景。人在自然中怡的是志，养的是神，提升的是人之为人的境界。

“莫春者，春服既成，冠者五六人，童子六七人，浴乎沂，风乎舞雩，咏而归。”

夫子喟然叹曰：“吾与点也。”——《论语》

“人诗意地栖居在大地上。”诗意，就是情与景的交融与统一。人生存于自然的美中。诗意是生，是真，是美，是仁，是道。陶渊明的《饮酒（其五）》很好地表达了这样的诗意：

结庐在人境，而无车马喧。

问君何能尔？心远地自偏。

采菊东篱下，悠然见南山。

山气日夕佳，飞鸟相与还。

此中有真意，欲辨已忘言。

清 禹之鼎《春耕草堂图》（局部）

在陶诗中，人在自然中的存在是一种诗意的存在。诗意的得到，则是陶渊明在化解和超脱了官场羁绊，适应困窘生活以后达到的与自然相通为一的心灵的自由，是一种如如不动的恬淡心境。真、善、美也是自由的。诗意就是真意，真意就是自在、自得、自适、自由。

唐朝王维的“空山新雨后，天气晚来秋。明月松间照，清泉石上流。竹喧归浣女，莲动下渔舟。随意春芳歇，王孙自可留”，表达了同样的情感。不过，王维的诗，凉气稍重，清冷了些，更多地着了佛家枯寂淡漠的色彩。相比之下，陶诗是适意的、自得的。宋人，尤其是宋代学者的诗则是温润的、暖人心肠的。大家看杨万里的“毕竟西湖六月中，风光不与四时同。接天莲叶无穷碧，映日荷花别样红”，苏轼的“水光潋滟晴方好，山色空蒙雨亦奇。欲把西湖比西子，淡妆浓抹总相宜”，朱子的“胜日寻芳泗水滨，无边光景一时新。等闲识得东风面，万紫千红总是春”，都包含着对自然的爽快敞亮的仁爱之情。宋人的精神是饱满、健康、活泼的。这般诗意，是他们吸收和融合了老庄思想、魏晋风度以及佛教性空以后呈现出的新韵味。杜甫有儒家的古道热肠，不经意间也能写出洋溢着此般温暖气息的诗，如“迟日江山丽，春风花草香。泥融飞燕子，沙暖睡鸳鸯。”罗大经评其“上二句见两间莫非生意，下二句见万物莫不适性”，非常准确。难得少陵流寓中，尚有此等好心情。

> 子曰：“知者乐水，仁者乐山；知者动，仁者静；知者乐，仁者寿。”——《论语》

孔子有段著名的话：“有智慧的人喜欢水，有仁德的人喜欢山。有智慧的人是灵动的，有仁德的人是宁静的。有智慧的人是快乐的，有仁德的人是长寿的。”在这里，仁者智者之所以乐山乐水，是因为他们的性情品德与山水的特点相近相似，达到了和自然的贯通。他们感受到、领略到也体会到了自然的美。自然的美不仅提升了人对于美的感受，促进了人和天即自然的感通与合一，还提升了人的境界，提高了人存在于自然、生活于社会的质量，即提高了人生在世的质量。“乐”和“寿”都是人存在于世间的质量。需要注意的是，孔子这段话使用了互文的手法，不是说智慧的人只是乐水，仁德的人只是乐山。仁和智是统一的。仁者有智，智者归仁。仁者有智慧，知道什么是仁并坚定持守；智者能做出正确的道德判断而归心于仁。若仁智分离，则仁也不是仁，智也不是智了。把生活过出美的意味是人生的最高境界。乐水乐山，智仁兼备；真、善、美、如，道通为一。人生在世，当臻此境；若其不然，光阴虚度。

一、自然是真、善、美、如的统一

人是生活在自然中的。这是个毋庸置疑的事实。

然而，在今天，还需特别提醒，人们才会意识到这个事实，因为工业化和城市化已经使我们远离自然了。我们吃饭穿衣，却不必躬耕力作，只需在工厂做工、办公室办公，就可以得到工资，买到所需要的生活物品。这是社会进步的表现。但做工、办公这些环节插在人和自然之间，阻断了二者的直接联系。有不少人，终其一生，既没有体验过稼穑的辛劳，也没有享受过收获的快乐，这其实是很遗憾的。人们远离自然、远离大地已经太久了。

可是，人毕竟是离不开自然的。自然除了是头顶的蓝天、脚下的大地、壮阔的山川、美丽的花鸟虫鱼，更为根本的是生生不息的生命相续。人是这个相续过程中的一个方面、一个环节，没有自然的生命来支撑，人类的生命是无法存在的。

在中华传统文化中，自然是真、善、美、如的统一。

真、善、美、如是著名哲学家金岳霖对太极的说明。他说："太极为至，就其为至而言之，太极至真、至善、至美、至如。"

自然是真。它就是它是的那个样子，是其所是，不加伪装。《中庸》说："诚者，天之道也。"诚就是真实，天道是真实的。

清 佚名《雍正帝耕织图册之一》

自然是善。这个善，首先是过程相继的完善。《易传》上说：“一阴一阳之谓道，继之者善也，成之者性也。”阴阳相继的完善，支撑和形成了自然界生生不息的生命过程。这是大可赞美的。生命之善，则是善的又进一层的意义。

自然是如。“如”来自佛教。照金岳霖讲，如是宇宙演化到最高最完善的太极阶段，是万物进化到理想状态时的特征。“不仅如如，而且至如。”道就是如如的。如如，不仅是物的状态，也是智的状态、心的状态，是人和外部世界一见会心、相视而笑的默契。“此中有真意，欲辨已忘言。”道乎？佛乎？儒乎？在最高境界上，三教归一。自在，自如，如如，也是心灵的自由，无滞无碍。《中庸》说：“君子无入而不自得焉。”

自然是美。人生活在自然的美中。对于我们每一个人来说，这是最能真切感受到的。那么，什么是自然之美？人怎样生活在自然之美中？如何维护自然之美？中华传统生态智慧对这些问题做出了系统的回答。

二、美是健康的生态

什么是美？中华传统文化认为，美源自健康的自然生态。汉字的长处是可以比较直观地反映人们的认识。“美”字由“羊”“大”两部分构成。羊是较早得到驯化的动物，性情温和，是自然的产物。羊硕大而壮实，正是自然生机的表现，生态健康的象征。“善”“祥”等表达美好寓意的字都有“羊”。

清　郎世宁《开泰图》

也有一种说法认为，“美”字由“羊”和“人”组成，是上古时期巫师用羊头做装饰跳舞的形象。无论哪种说法，都表明了美好的自然在人们的日常生活以及精神生活中的地位。

《诗经》讲：“文王徜徉到灵园，母鹿安卧慵懒懒。鹿儿肥硕毛色润，白鸟皎洁光泽新。文王漫步在灵沼，满池鱼儿跳呀跳。”这是一幅令人心旷神怡的、充满安详、丰腴、富足意味的自然画面。这就是儒家文化的美。羊硕鹿肥都含有健康繁衍的生命气息，所以《诗经》夸赞女性美的词语，除了“窈窕淑女”，还有“硕人其颀”。

五代　佚名《秋林群鹿图》（局部）

王在灵囿，麀鹿攸伏。麀鹿濯濯，白鸟翯翯。王在灵沼，於牣鱼跃。——《诗经》

文王的园囿具有生态之美。美来自自然，来自生态，符合生态的才是美的。韩幹画马，“幹惟画肉不画骨”，马浑圆饱满，体格壮硕，所谓汉唐风度，就是这样一种美。“万物并育而不相害，道并行而不相悖”“鸢飞戾天，鱼跃于渊”“鹰击长空，鱼翔浅底，万类霜天竞自由”，都表现了健康的生态美。

唐　韩幹　《十六神骏图》(局部)

三、美是自然的“生意”

健康的生态之所以美，是因为其中包含着“生意”。生意是自然的生机、生命的活力和动力。自然的生机舒畅条达，生命由柔弱到健壮，就是健康的生态，就是美。健康的生态的根基是生意。生意支撑着健康的生态。生意就是美。

“生意”来自天地的“好生之德”“生生之德”“天地之心”“天心”，到宋明时期正式成为一个哲学概念。不过，在此前它已经是一个表达自然的生机的词了。《世说新语》中“此树婆娑，无复生意”的“生意”，即指自然的生机。

诗人对自然的感触是最为敏锐的。唐朝张九龄《感遇》诗说“兰叶春葳蕤，桂华秋皎洁。欣欣此生意，自尔为佳节”，直接把生意和欣欣向荣结合在一起。在他之前用“欣欣向荣”的是陶渊明，《归去来兮辞》说：“木欣欣以向荣，泉涓涓而始流。”

南宋张栻体会到了春天的生意，作《立春偶成》诗说：“律回岁晚冰霜少，春到人间草木知。便觉眼前生意满，东风吹水绿参差。”生意是初春清新稚嫩的枝芽。杨巨源诗说“诗家清景在新春，绿柳才黄半未匀”，嫩黄正是枝芽初生时的生命力的表现。生意是初春乍见还无、若隐若现的青草。韩愈的“天街小雨润如酥，草色遥看近却无”，白居易的“几处早莺争暖树，谁家新燕啄春泥。乱花渐欲迷人眼，浅草才能没马蹄”，都用新草来呈现初春的生意。

冬去春来，万物复苏，春天最能体现生意。“接天莲叶无穷碧，映日荷花别样红。”夏日的荷花，秋日的硕果，都是生意。春夏秋冬，生意未曾间断。朱子说，冬天万物都萧杀了，天地间的生意反而显得愈加鲜明。北宋哲学家邵雍作诗说“冬至子之半，天心无改移。一阳初起处，万物未生时。玄酒味方淡，大音声正希。此言如不信，更请问庖牺”，正是对寒冬时节一阳来复，生意起动的描述。

南宋　马远《山径春行图》

四、美是仁的体现

不知大家有没有注意过一个有趣的语言现象，多数表示种子或果实的词都带一个“仁”字，比如瓜子仁、核桃仁、花生仁、玉米仁等。我们大都知道，仁是人之所以为人的德性。孔子说仁者“爱人”。《中庸》说：“仁者，人也。”孟子说：“仁，人心也。”爱是人的情感，种子或果实则是一种自然物，两者之间有什么联系？怎么会共用一个“仁”字？

原来，中国古代哲学认为，种子包含着植物的生命，是上个生命周期的凝结，下个生命周期的起点。种子凝聚着生意，生意即是仁，所以果实或种子多叫“什么什么仁”。

清　郎世宁《瑞谷图》(局部)

中国古代哲学把天地的好生之德叫作“仁”。西汉著名哲学家董仲舒说：“仁的美好都体现在天那里了，天就是仁。天覆盖着、孕育着万物，既把它们生出来，又把它们养大，让它们长成，周而复始，从不停止地发挥着作用，用万物来养活人。体察天的意图，真可以说是无穷无尽的仁了。”《国语》把自然的物产称为“美”。《易传》说：“乾始能以美利利天下。”乾元是肇始万物的，也就是天地生生之德的开始。乾元的“美利”就是让万物出生。

仁之美者在于天。天，仁也。天覆育万物，既化而生之，又养而成之，事功无已，终而复始，凡举归之以奉人。察于天之意，无穷极之仁也。——《春秋繁露》

仁是生意、是美，又是人的德性、人的本质，可见人本质上是美的。天地的生意、万物的生意，也是人心的生意，也就是美。美贯穿天地万物和人。德国诗人荷尔德林有句著名的诗——“人诗意地栖居在大地上”。这个“诗意”放在中华传统文化中便是生意，是仁、美。当想到人的本质是美的时候，古人的那些诗歌、那些关爱万物的美好感情，诸如濂溪不除庭前草，程颐诫折槛外枝，都能“于我心有戚戚焉”，引起我们的共鸣。

五、天地有大美而不言

仁、生意、美主要是儒家的观点。儒家文化给人温暖、敦厚、清新、涵容的感觉。中华传统文化还有道家，后来又从印度传来了佛教，并发展为中国化的佛教，形成了禅宗、天台、华严等派别。儒、释、道互补并存是中华传统文化的基调。

道家给人清凉、峻峭、犀利的感觉。儒家认为，自然是仁，生万物以养人。道家却认为，自然是不仁的。老子说："天地不仁，以万物为刍狗。"刍狗是草扎的用作祭祀贡品的狗，祭祀一结束就被扔掉了。这样说来，天地对人岂不是太无情了？原来，老子认为，仁是亲；既有亲，就会有不亲，陷入偏；偏就会产生私，这样就不公正，甚至会出现虚伪，以假乱真。"智慧出，有大伪。"儒家的礼最容易包藏虚东西。"礼者，忠信之薄而乱之首。"所以，美和信不能并存，"信言不美，美

北宋　晁补之《老子骑牛图》(局部)

言不信。”老子的正面主张是“道法自然”。“自然”不是自然界，而是万物自己而然，没有人为干预，自己使自己成为的这个或那个样子。一旦有人为因素介入，就容易不真。所以，庄子讲：“天地有伟大的美，但它并不絮絮叨叨地炫耀它的美。四季有明确的规律，但它并不喋喋不休地谈论这些规律。万物有固然的道理，但它并不啰里啰嗦地向人诉说这些道理。唯有圣人能够推究天地的美，通晓万物的道理。”在庄子的心目中，天地之所以美，就在于它具有本真的、自然而然的特点。经他这么冷峻地一点拨，我们对自然的认识就如同登上高楼，望尽天涯路，豁然开朗了。美就是天地万物的自然而然的特点，就是天然。天然的最真，也最美。儒家把美和善联系在一起，讲究尽善尽美，更多地导向伦理生活的美，得到的是温暖、温馨和温情。道家把美和真联系起来，更多地导向艺术，得到的是清凉、适意、无滞和自由。道家强调美即真，真即美，点出人的性情的真，主张性情真才是美。道家揭示了自然之所以美的本真性，寄情山水，把人性的美和自然的美连接起来，情景交融，道通为一，这是道家的天人合一，人和自然贯通。活到这种境界，人也就通透了，打通物我了。

天地有大美而不言，四时有明法而不议，万物有成理而不说。圣人者，原天地之美，而达万物之理。——《庄子》

陶渊明的《归园田居》说："少无适俗韵，性本爱丘山。……久在樊笼里，复得返自然。""自然"就是我之真和山水之真相感相通后产生的通透。读陶诗应从通透上着意，方解其中味。我的自然，也是山水的自然；山水的自然，也是我的自然。"青山不墨千秋画，绿水无弦万古琴。"青山究竟是山还是画？淙淙究竟是水声还是琴声？已无须辨别。勉强为之，则滞碍不通，画蛇添足。景物诗的意义即在于描述人在自然中的存在，人与自然的贯通。这样理解，诗才别有韵味。

明　汪中《得趣在人册》(十二开之一)

六、善待自然，呵护自然的美

自然的本性是美的，自然能够实现它的本性吗？

人的本性是美的，人能实现自己的本性吗？

用道德的态度对待自然，维持自然的健康生命；善待自然，呵护自然的美，帮助自然实现它的美的本性。在这个过程中，人也就实现了自己的美的本性。用《中庸》的话讲，叫作“尽己之性”“尽人之性”“尽物之性”“参赞化育”。

张载像

《礼记》说："人者，天地之心也。"北宋哲学家张载（人称"横渠先生"）要求讲"为天地立心"。中华传统文化认为，人有帮助天地万物实现其本性的道德责任。张载说："天地之心，惟是生物。"人应做的就是帮助天地万物实现其生生不息的本性，呵护自然的美。

想一想

1. 你是否体会过自然的美？

2. 你是否有过与自然的美融为一体的感觉？

3. 找一首诗，分析一下其中包含的自然的美和人的情感的关系。

第二章

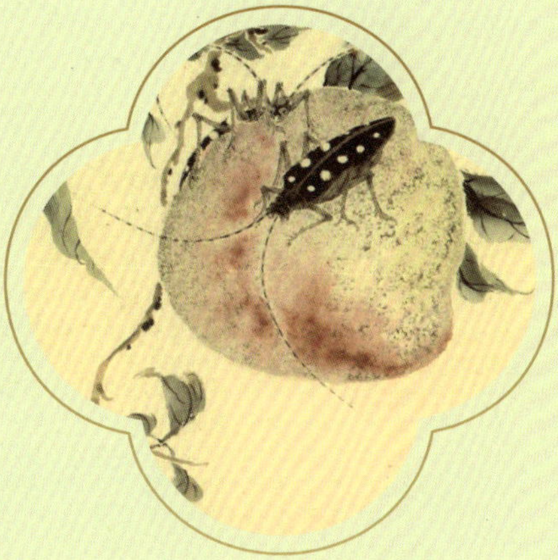

什么是『自然』？

第二章

导读：在中国传统哲学中，“自然”首先不指自然界，而是指事物自我生长、自己而然的特性。中国古代哲学主张万物都是由气构成的。气分为阴阳两种性质，阴阳相互作用，形成动力，推动自然界运动变化，产生生命与万事万物，塑造出和谐美丽的世界。这是一种有机的、生态的自然观。

引子 “道法自然”中的“自然”指的是自然界吗？

《道德经》里讲：“人法地，地法天，天法道，道法自然。”这里的“自然”，大家通常会不假思索地认为是自然界，这样理解对吗？

一、什么是“自然”？

1.“道法自然”：自己而然

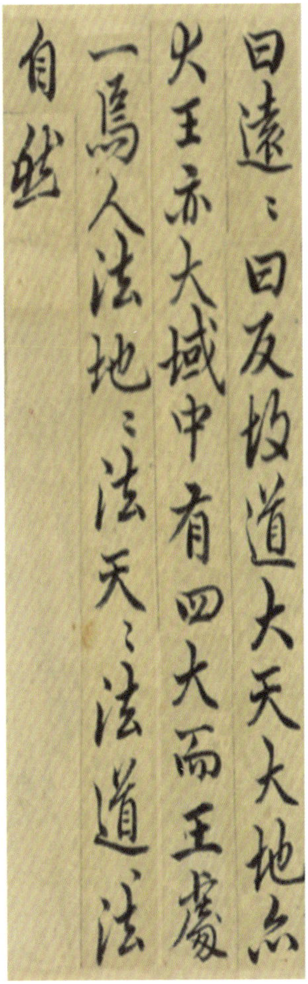
元 赵孟頫《道德经》(局部)

“自然”一词最早出现在老子的《道德经》中，一共有5次，其中最为大家耳熟能详的便是“道法自然”。老子说：“人以地为法则，地以天为法则，天以道为法则，道以自然为法则。”这里的“自然”，不是客观的自然界本身，而是自然界的存在方式或状态，是“自己而然”，用英文表示则叫“self-so”。“自”类似主语，“然”是谓语。“自然”是事物运动的方式，或存在、生长和变化的状态，即自己如此，自己使自己成为这样或那样的状态。这是《道德经》中“自然”的本来含义。从语法或语言哲学上看，“自然”是一个形容词或者表状态的动词。我们平时说的“那是自然的”“什么什么是自然而然的”，其中的“自然”便是这种含义。

道家哲学认为，每个事物都是自己使自

己成为那个样子的，没有别的力量使它成为那个样子。西晋时期的玄学家郭象对这个含义做了进一步解释："什么能够在物之前存在呢？我认为阴阳可以。可是，阴阳也是人们所说的物，什么东西又在阴阳之前呢？我认为自然可以。可是，自然不过是物自己使自己这样而已。……可见，万物都是自己成为自己的样子的，并没有什么东西使它这样。""竹林七贤"之一的阮籍开始以"自然"表示天地万物的总体，这个"自然"有自然界的含义。但总体上说，现代汉语中大自然、自然界含义的"自然"是从英文"nature"翻译过来的词，与它相对的是人和社会。

谁得先物者乎哉？吾以阴阳为先物，而阴阳者即所谓物耳，谁又先阴阳者乎？吾以自然为先之，而自然即物之自尔耳。……明物之自然，非有使然也。——《庄子注》

现代的"自然"概念给我们带来了一种新的自然观或世界观，即自然界是客体，人是主体；主客对立，人应对自然进行征服和控制。这种自然观在中华传统文化中总体上是没有的；即便在一些哲学家那里有，也是不强烈或不激烈的。

明　仇英《秋江待渡图》(局部)

2.“神得一以灵”：自然排除神灵

“自然”既是万物自己如此，自己而然，也就用不着上帝或鬼神来帮忙了，所以老子、庄子讲的“自然”，都有反对上帝创造世界的含义。老子说：“自古以来，得到道的情况是这样的，天得了一，所以清明；地得了一，所以安定；神得了一，所以灵验；河谷得了一，所以充盈；万物得了一，所以能够生长；侯王得了一，所以成为天下的首领。”“一”就是道。从老子的说法可知，道反而在神之上，神得了道才灵验。可见自然与神灵是对立的，自然排除神灵。这是自然的第二个含义。

> 昔之得一者，天得一以清，地得一以宁，神得一以灵，谷得一以盈，万物得一以生，侯王得一以为天下贞。——《道德经》

3.“无以人灭天”：自然排斥人为

自然也排斥人为的干预。道家认为，凡不是一物自身生长出来的，而是从外面强加给它的，都是违反自然的。自然是物的天然状态，天然就是最好的状态，不可以人为地改造。在《庄子》中，河神河伯问：“什么是天然？什么是人为？”海神北海若说：“牛马生来有四条腿，可以自由地奔跑，这是天生的，叫作‘天然’。人用笼头把马头套住，用缰绳把牛鼻穿起来，叫作‘人为’。所以说：‘不要用人为去破坏天然，不要用有意的行为去伤害天然的性命，不要为了虚名去损害天生的德性。’谨慎坚守这些道理不要放弃，就叫返归本真。”在庄子看来，“自然”是一物的天然的状态，因为没有人为因素的介入和干预，所以最为真实。所谓返璞归真，也就是回到自然状态或天然状态。排斥人为是自然的第三层含义。

曰：“何谓天？何谓人？”

北海若曰：“牛马四足，是谓天；落马首，穿牛鼻，是谓人。故曰：‘无以人灭天，无以故灭命，无以得殉名。’谨守而勿失，是谓反其真。”——《庄子》

明　仇英《南华秋水图》(局部)

4.“天人本无二，不必言合”：人与自然本来就是一体的

“自然”这个概念以老庄为代表的道家用得多，以孔孟为代表的儒家用得则较少。表示自然界，儒家用得较多的是“天”“天地”“物”“万物”“天地万物”等。孔子的自然观是“则天”，即效法天地，和老子的“人法地，地法天”一致。这也表明，天人合一在中华传统文化中是儒道共同的思想财富。孔子说：“天何尝说过什么！四季不停地运行，万物不停地生长，天何尝说过什么！”这里的“天”，便是自然。孔子还说：“尧作为一个君主，是多么伟大呀！只有天是巍峨高大的，尧则是效法天的。”《中庸》称赞孔子“上律天时，下袭水土”。朱子解释说：“‘律天时’是遵循天道运行的节奏，‘袭水土’是遵循大地的规律。”“则天”反映了农业时代必须顺应天时、善待土地才能有好的收获的情况。“则天”的极致是人与自然和谐相处，达到审美的统一，形成一种极高的精神境界。“知者乐水，仁者乐山”“吾与点也”“孔颜乐处”等，都是这种境界的表现。

子曰："天何言哉！四时行焉，百物生焉，天何言哉！"

子曰："大哉！尧之为君也！巍巍乎！唯天为大，唯尧则之。"——《论语》

通常当两个事物相互独立、互不隶属时，我们才会谈到它们的关系。比如，我们会说老张和老李的关系，不会说老张和他的腿的关系，因为他和自己的肢体本来就是一体的。在中华传统文化的语境中谈论天人关系时，会遇到同样的问题。因为，照中华传统文化各派的观点来看，人和作为天地万物的总体的自然并不是两个互不隶属的实体。自然包含人，人在自然中，人的行为受自然规律的约束。所以，严格地说，天和人本来就是一体的，没有必要特别地强调天人合一，强调了反而可能让人觉

北宋 赵昌《写生蛱蝶图》（局部）

得二者分离了。北宋哲学家程颢看出了这一点，他说：“天人本无二，不必言合。”这种认识十分深刻。人和自然本来就是统一的，这是中华传统生态哲学关于自然的第四层含义，也是最重要的一层含义。

天人合一的自然观是符合生态哲学原则的生态自然观。生态哲学的原则，简单地说，就是尊重自然，顺应自然，保护自然，与自然和谐共生。《中庸》说“万物是可以共同生长而不相互危害的，各种道理是可以共同实行而不相互违背的”，讲的就是一种和谐的、生机勃勃的状态。要了解这种自然观，得先从气说起。

万物并育而不相害，道并行而不相悖。——《中庸》

想一想

请用天然和人为的区分来思考一下自己的日常生活，体会什么是人的本真状态。

二、自然是怎么构成的？“通天下一气耳”

中国古代哲学认为，构成和生成天地万物的最基本的物质是气。“构成”是静态的，“生成”则是动态的、不断生长的。气和万物的关系用“生成”更能体现中国古代哲学的特点。庄子说：“通天下一气耳。”“通”是“整个”，即天地万物都是由气构成的。更为深刻地说，“通”是“流通”“沟通”和“贯通”，指气的运动状态和生成作用。气的流动、流通生成不同的事物。气及气的运行是中华生态自然观的基础。

南宋 马麟《静听松风图》(局部)

那么，气是什么？气是古人观察云、雨、风等自然现象得到的认识。照许慎《说文解字》的解释，气就是云气。气的另一个意象则是风。庄子说："夫大块噫气，其名为风。"大块，是大地。庄子认为，大地上有很多孔窍，是它呼吸吐纳的出入之门。大地不停地呼吸，形成风。

西方古代自然哲学认为，万物是由原子构成的，原子是最小的颗粒状的、不可再分的元素。气则不同。它没有颗粒性特点，是不可切断地联系在一起的波状的团。原子如同沙粒，需要用黏合剂粘在一起才能形成物件。原子自身不能运动，需要外力推动。而气则是连续的，自身运动的——气自身带有动力，靠自身的力量运动。现代科学中的光的波动说和微粒说统一起来再加上一个动力，约略相当于中国古代哲学的"气"。我们常常见的水汽云烟直接就是气，沙粒土块则是气的凝聚。气不需要黏合剂就能凝聚为新的事物，如云可以凝结为雨。中国古代哲学认为，万物都是由气构成的。北宋哲学家张载说："一切有形的东西，都可以叫作'有'或'存在'。一切存在的事物，都是有形象的。一切有形象的事物，都是由气构成的。"这是个十分简练和典型的哲学表述。"有"遍指一切存在着的东西，山河大地、花鸟虫鱼，都是"象"，即有形的存在物。它们共同的特点是存在着，所以在哲学上叫作"有"。"有"是哲学概念。哲学概念的特点是普遍。普遍是指一切事物，适用于一切对象。概念越抽象，适用的范围越广泛。"有""存在"可以指所有存在着的事物，适用范围最广，是最为抽象的概念。

凡可状者，皆有也。凡有，皆象也。凡象，皆气也。——《正蒙》

云是看得见的有形的东西。是不是气都是像云这样的东西呢？也未必。张载特别指出：“所谓气，不一定非要等到它蒸腾起来，郁结起来，凝聚为物，眼睛能够看到，才知道那是气。像那些可以用‘刚健与柔顺’‘运动与静止’‘浩大而充实’‘纯净而无杂’等词语来形容的东西，都可以说是‘象’，都是由气构成的。如果没有气，哪里会有象呢？”刚健与柔顺、运动与静止是事物存在的状态或方式，也是“象”，即事物的动态的象状。这种状态也都是由气构成的。没有气，也就没有象。所以，气不一定都是目视手触感觉到的，也可以是感觉不到的。比如，蓝天上有白云飘过，我们可以看到气，云即是气。若天空万里无云一碧如洗，则我们什么也看不到，这时似乎天空中什么也没有，是“无”。可是，天空仍然是由气构成的。一碧如洗的状态同样也是气，张载把这种湛然的天空叫作“太虚”。

所谓气也者，非待其蒸郁凝聚，接于目而后知之。苟健顺、动止、浩然、湛然之得言，皆可名之象尔。然则象若非气，指何为象？——《正蒙》

中国古代哲学讲气，可能跟对水的三态的观察有关。水在常温下是液态，0℃以下为固态，超过100℃后变为气态。金属也有三态。在制作青铜器、铁器的过程中，可以直接观察物质形态的转化。气是物质最后转化的状态，所以中国古代哲学把气作为物质的终极状态。张载说："气在太虚中凝聚和消散，就如同冰在水中凝固和融化一样。太虚本身就是气。知道了这一点，就会知道宇宙间并不存在什么都没有的绝对的'无'。"

南宋　马远（传）《雕台望云图》

气之聚散于太虚，犹冰凝释于水。知太虚即气，则无无。——《正蒙》

原子式思维有利于对物体进行清晰的结构分析，可以看事物是怎样构成的。近代科学背后的哲学原则就是原子论，这是它的长处。但这种机械论自然观也有它的缺点，即对物体的整体性、不同结构之间的联系，尤其是对于不同物体之间的联系性的认识不够；对于自然作为一个统一整体的生成性特点，即自然的有机性和生命性的认识更是远远不够。经过近代数百年的发展验证，机械论自然观给自然带来了极大破坏，成为导致全球性生态危机的主要思想根源。与此相反，气的思想则与生态科学和生态哲学十分吻合。气一直处于运动过程中，是不能截断的。气的运动生成了生命，自然界天地万物形成和谐的生命整体。对自然的破坏，归根结底是对生命的破坏。中华传统文化具有丰富智慧，这种符合生态理念的自然观是其中一个重要方面。北宋哲学家程颐曾经提出过一个十分新颖的说法，指出气、物在弊坏以后就不能再参与天地万物生生不息的过程了。他说："天地化生养育万物，当然是无穷无尽、生生不息的。天地怎么会用已经弊坏的物体、已经消散的气来造化万物呢！"这个说法很有生态意义，它告诉我们，空气、水、土壤一旦被污染，就不能再参与天地万物的生生过程了。比如，空气被污染了，甚至成为雾霾，就不能呼吸了；水被污染了，就不能饮用、灌溉了；土壤被污染了，就不能生长粮食，即使长出来也不能食用。这些都是弊坏之气不能再参与天地造化的例证。现在的问题是，弊坏之气仍参与着自然的循环，生态危机即源于此。

天地之化，自然生生不穷，更何复资于既毙之形，既返之气，以为造化！——《二程集》

前面说过，空气、土地、水都是气的不同表现形态。物是怎么构成的呢？比阴阳二气更为具体的解释是“五行”。在中国古代哲学以及医学理论中，五行不仅是金、木、水、火、土五种具体物质，还是事物的分类体系。比如，在方位上，木东、火南、金西、水北、土中央；在性质上，五行表示五类事物。在中医理论中，五行表示人的五种器官，心属火，肝属木，脾属土，肺属金，肾属水，中医运用五行生克原理进行治疗。五行最初出现于《尚书》中。据说，周武王克殷后，造访殷纣王的叔叔箕子，咨询治国理政方略。箕子在陈言中提到五行，指出过去鲧治水搞乱了五行的秩序，堵塞洪水导致治水失败；大禹治水，采用疏导的方法取得了成功。那么，五行的特性是什么呢？箕子说：“水是向下润湿的，火是向上燃烧的，木是可以弯曲、伸直的，金属是可以冶炼加工制成不同形状的，土是可以种植庄稼的。水向下润湿产生咸味，火向上燃烧产生苦味，木可曲可直产生酸味，金属可以改变形状产生辣味，土可以种植庄稼产生甜味。”箕子指出，认识五行的性质是建立正确的社会秩序和道德秩序的基础。周武王接受了箕子的建议，把他分封到朝鲜建国。

水曰润下，火曰炎上，木曰曲直，金曰从革，土爰（yuán）稼穑（jiàsè）。润下作咸，炎上作苦，曲直作酸，从革作辛，稼穑作甘。——《尚书》

明　仇英《浔阳琵琶》

想一想

请分析原子式思维和气式思维各有什么特点和长短处。

三、自然为什么会运行？“一物两体”

风吹水流，云卷云舒，花开花谢，瓜熟蒂落，四季运行，万物生长，洪涝干旱，山崩海啸，这种种现象都是自然界的运动与变化。原子论哲学认为，原子运动的动力来自原子以外。受此思维方式的影响，牛顿力学认为，静止的物体在没有受到外力推动的情况下处于静止状态。中国古代哲学则认为，事物自身一直是处于运动变化中的，没有静止的事物；事物运动变化的动力来自事物本身。道理是这样的：既然万物都是由气构成的，那么万物的运动也就是气的运动；既然气自身便具有运动的力量，带动事物运动变化发展，生生不息，那么举凡一切机械的、化合的、生命的运动等，都是气的运动变化带来、带动和完成的，不需要给这一过程增加一种外力或一个神灵。

气一直是运动着的，自然界在气的带动下也一直处于运动之中，由此可以得出一个结论，即物体也是事件。比如，一棵树就是它成长的故事。一张桌子，现在看它是一个物件、物体。但是，如果回溯，我们会发现世界上本没有这张桌子，它是人工制造的。它的材料，如木头，有生长的过程；油漆，有生产的过程。如果展望，我们会知道，多少年后这张桌子是会坏掉消失的。那么，把这张桌子放到它产生和消失的过程中可知，它现在的存在只是漫长过程中的一个阶段、只是一个事件，这

样，物体和事件就统一起来了。每个物体都是一个事件、一个过程。当

河南淅川屈家岭文化遗址（前3300～前2600年）出土的陶纺轮，上面有着古老的太极图，像两条活泼的鱼头尾互动，形象地演绎了阴阳互依、契合的抽象概念

然，这个过程是由气的运动带动的。

那么，气运动的动力来自哪里？要解决这个问题，需要引入“阴”“阳”两个概念。阴、阳原来是表示方位的，太阳照射到的地方为阳，照射不到的地方为阴；山南为阳，山北为阴；水北为阳，水南为阴。阴、阳用到气上，把气分为阴气和阳气。阴气和阳气不是两种不同的气，而是同一种气的两种不同性质。阳气具有动、热、明、伸展、扩散、主动、主宰、主导、生的特点；阴气则相反，具有静、冷、暗、收缩、凝聚、被动、屈服、从属和死亡的特点。“阴”“阳”的概念是开放的。凡具有与阳一致的特点或性质的事物，都可以称为“阳”。反之，凡具有与阴一致的特点或性质的事物，都可以称为“阴”。比如，天、男为阳，地、女为阴。大家可以尝试着根据阴阳性质对事物进行划分。由于事物都是由阴阳二气构成的，没有独阴独阳的事物；又由于阴阳性质相反，所以二气在同一事物内部必然相互作用，事物就是阴阳两方面在它的内部相互作用的结果。气以及由气构成的所有事物之所以能够运动，根源就在

于阴与阳的相互作用。这叫“一物两体”，即每一个事物都分为阴阳两个方面。这两个方面相互作用，形成事物的以至于整个自然界的生成、运动、发展和变化。张载说：“每个事物都分为阴阳两个方面，这是气的特点。因为事物是一个整体，所以它的变化是神妙的。又因为这个事物分为阴和阳两个方面，所以它的变化是不可测度的。事物之所以发生变化，关键就在于它是一分为二的；它虽然是一分为二的，却仍是一个统一的整体。这就是天之所以分为三个方面的原因。”

一物两体，气也。一故神（自注：两在故不测），两故化（自注：推行于一）。此天之所以参也。——《正蒙》

那么，气是怎么运动的？也就是说，阴阳二气是怎样相互作用的？或者说，阴阳二气相互作用的模式是什么？

《诗》《书》《礼》《易》《春秋》是儒家的五部经典，也叫“五经”。其中最为重要的是《易》，又叫《周易》，被称为“群经之首”。《周易》分为“经”和“传”（zhuàn）两部分。“经”即通常所说的《易经》，包括六十四卦及卦辞、爻辞。“传”则指《易传》，是对经的解释，共有十种，又被称为《十翼》。照历代经学所说，《易传》是孔子所作，但从北宋欧阳修开始就不断有人怀疑这一说法。现在大致可以断定，孔子系统地研究过《易经》，开创了理性化解释《易经》的传统。《易传》包含了他的思想，但并非他所作。《易传》不是一时一人的作品，最终成书于战国末期，反映了孔门弟子以及战国时期经师们的见解。

《周易》之所以重要，在于它运用阴阳二气运行的原理说明了天地万物的生成和变化。它为什么叫作《周易》？“周”有两个意思，一个是周遍、普遍，一个是周代。现在大家一般认可“周代”的解释。“易”照汉代以来的解释，有简易、变易、不易三个意思。“简易”是说大道至简，只靠阴阳两爻就足以说明天地万物的发展变化。“变易”是“易”的基本含义。《周易》就是讲万事万物变化的书。“不易”是说唯有变化是不变的。《庄子》中说，《周易》讲述的是阴阳变化的道理。出土文献中有“《易》是用来会通天道、人道”的记载。“会通天道、人道”也叫推天道以明人事，即推究天道运行的规律，说明人事该怎么办。《周易》从起源上来说的确是占卜的书，所以南宋朱子说：“易本卜筮之书。”不过，经过孔子的解释，《周易》已经成为一部讲修德的书。修德是学问的正宗，占卜则流为术数甚至迷信。孔子说过：“不占而已。”各种文化的正宗都是不赞成占卜的，因为这容易让人产生侥幸作恶的心理，所以《中庸》说：“君子只做在他现有地位上该做的事

明　仇英　《子路问津》(局部)

情，安心等待应有的命运，而不是行险履危，觊觎额外的幸运。”中华传统文化认为德和福具有正相关的一致性，讲究“天行健，君子以自强不息”“地势坤，君子以厚德载物”，要求人要像天道那样自强不息，像大地那样厚德载物。天道对人事的启发，是对人的行为方式的启发，这是推天道以明人事的本质意义所在。别的路都不正，不正的路是不能行之久远的。

> 易一名而含三义，易简一也，变易二也，不易三也。
>
> ——《周易正义》
>
> 易以道阴阳。——《庄子》
>
> 《易》，所以会天道、人道也。——《郭店楚墓竹简》
>
> 君子居易以俟命，小人行险而徼幸。——《中庸》

下面，我们通过《周易》来理解气的运动模式。

《周易》分别用间断（--）和连续（—）的线条表示阴、阳，分别叫“阴爻”（--）和“阳爻”（—）。两爻画三次或排列三次，数目为2^3，即八卦，也叫“八经卦”，分别是乾☰、坤☷、震☳、巽☴、坎☵、离☲、艮☶、兑☱，依次对应天、地、雷、风、水、火、山、泽八种自然现象。八卦两两相重为六爻卦，形成如乾䷀、坤䷁的卦象，可以得到8^2即六十四个卦。卦的阅读方式是自下而上，下、上两卦分别称为下卦、上卦或内卦、外卦。阳爻叫“九”，阴爻叫“六”。从阴阳两爻到八卦、六十四卦，

德国哲学家、科学家、数学家莱布尼茨像

符合数学的排列原理，含有二进制的原理。德国哲学家、科学家、数学家莱布尼茨受《周易》启发，发明了二进制。生前他对此事一直讳莫如深，闪烁其词，直到去世前才诚实地承认了这一点。

天地氤氲，万物化醇。男女构精，万物化生。——《易传》

关于阴阳二气的运行方式，《易传》、张载、朱子提出了“氤氲”“相摩”“相荡”“胜负”“屈伸”“对待”“流行”等不同模式。

“氤氲”也写作“细缊”，是阴阳两种性质的气相互吸引、感应、渗透、混融而相互作用的运动模式或运行状态。在这一过程的合适时间点上，适量的阴得到适量的阳，适量的阳得到适量的阴，融合为一个新生事物。《易传》说：“在天气和地气相互融合的过程中，万物感于气的变化而变得精纯；阴阳二气相互交合，万物即由此产生。”

“相摩”“相荡”也是《易传》提出的阴阳二气的两种运行方式。“相摩”指二气的界面接触、吸引和摩擦，“相荡”则是二气相互冲击和进入，推动对方。《系辞》说：“刚与柔相互摩擦，八种自然物象相互推荡；雷霆鼓动万物，风雨滋润万物；日月运行，寒暑交替；以阳为主的最终成为雄性，以阴为主的成为雌性。”这段话说明了阴阳二气生成万物，以及万物各自获得自身的阴阳性质的过程。

> 刚柔相摩，八卦相荡。鼓之以雷霆，润之以风雨；日月运行，一寒一暑。乾道成男，坤道成女。——《系辞》

任何事物都是由阴阳二气构成的，没有只有阴或只有阳的事物。同时，任何事物也都是在阴阳二气的运行过程中获得自己的本性的，《易传》把这个过程叫作“继善成性”。《易传》说：“一阴一阳的往来运行就是‘道’，在这一过程中阴阳二气相互对立，相互转化，相继相续而完善无缺，生成万物叫作‘善’。每一种事物都在阴阳二气运动的过程中形成自己的本性。”也就是说，事物形成的过程即阴阳二气运行的过程，事物在这一过程中获得自己的本性。“道”既是事物运动发展的规律，也是宇宙发展的总过程。

一阴一阳之谓道，继之者善也，成之者性也。——《易传》

朱子提出了阴阳二气的“对待”和“流行”两种运行模式。“对待”是说阴、阳各有相对固定的位置，在时空上间断、分离，如天和地、上和下、东和西、春和夏等。“对待”也就是《易传》所说的“分阴分阳，两仪立焉”。“两仪”是天与地、阴与阳。需要说明的是，“对待”只是说阴阳二气各自有相对的位置，二气作为一个整体处于相对静止的状态，而不是隔绝不通。“对待”包含阴阳二气的交往，阴阳二气若无交往，则世界就没有运动，天地万物就不能产生了。

什么是“流行”？朱子指出，在“对待”中，阴阳有“交易”“博易”两种运行方式。“交易”是阴与阳的相互交通，阴来交阳、阳来交阴。如“天地定位，山泽通气”，“通气”便是“交易”。“博易”是阴来博阳，阳来博阴。“博易”产生“变易”，阳变为阴，阴变为阳。“变易”的连续过程叫作“流行”。阴阳一动一静，互为彼此的根，便是“流行”；昼夜寒暑，屈伸往来也是“流行”。朱子指出，阴阳就其“流行”而言，只是一气；就其相互对待而言，则是二气。

太和所谓道，中涵浮沉、升降、动静、相感之性，是生细缊、相荡、胜负、屈伸之始。其来也几微易简，其究也广大坚固。——《张载集》

如前所述，阴阳二气流行的过程也叫作“道”。氤氲、摩荡的运动之所以能够形成，正是因为气自身具有相互感应的性能。张载说：“太和作为道，是阴阳二气运行的状态。这个过程包含气的浮沉、升降、动静和相互感应的性能，所以产生了细缊、相荡、胜负、屈伸的运动模式。气的运行开始时是微妙而简易的，结束时则是宏大而牢固的。”这里的“太和”，指气的运行总体的和畅状态。“浮沉、升降、动静、相感”具体指阴阳二气的运行模式，浮、升、动是阳的运动方式，沉、降、静是阴的运行方式。相感作为阴阳二气的相互作用的方式，是进一步产生各种运动形式的前提。与“感”相同的还有“交”。阴阳二气应当是相互交流的。如果阴阳二气乖违，不相见，不相交，不相感，就不会产生运动以及作为运动结果的万物。“交”“感”即相互感应。比如，雷是天空中阴电和阳电相遇的结果，降雨是热气团和冷气团相遇的结果，这些都是阴阳相感。冷暖气流不相交感就不会形成云雨，作物缺乏雨露滋润就没有生长和丰收。

天地不交，否；君子以俭德辟难，不可荣以禄。——《象传》

《周易》有个泰卦䷊，下卦为乾，表示天，上卦为坤，表示地；又有一个否（pǐ）卦䷋，下卦为坤，表示地，上卦为乾，表示天。天为阳，地为阴。照常识来看，天在上，地在下，否的卦象反映了这个情况，应该是吉利顺畅的；泰的卦象跟常识相反，应该是滞碍不利的。可是，《象传》说否卦："否是天地不相交，闭塞不通。在这种情况下，君子应该勤行俭德，隐忍退让，躲避灾难，不能恋栈居官，以利禄为荣。"《象传》说泰卦："泰是天地相交，君王在这个时候应按照四季运行的特点，成就天地运行的规律，辅助天地万物达到合适的状态，指导百姓生活。"两个解释恰好相反，这是为什么？要理解这一点，首先，要看两个关键词，一个是"变"，一个是"通"。变是易，变是运动，是阴阳二气的变化流行；通是二气的相通。其次，卦要从气的运行上来看。气运行的特点是阴气下降，阳气上升，要求是阴阳相交相通，产生万物。否的卦象阳气在上，阴气在下；阳气上走，阴气下行，二气不交，所以闭塞不通。泰卦则是阴在上，阳在下，表明阴阳二气已经相交，所以吉利亨通。

泽气升于山，为云，为雨，是山通泽之气；山之泉脉流于泽，为泉，为水，是泽通山之气。——《朱子语类》

通也是不同的物体如山脉与河流、人与自然之间以气为媒介的信息、能量、物质的交流与交换。山泽通气就是通的一种。朱子解释道："泽中的水汽上升到山上，变为云、雨，这是山通泽气；山泉流入泽中，为泉，为水，这是泽通山气。"这样，山泽就以气为媒介形成一个整体。通的作用是把不同的自然实体、自然实体和人都连结为一个统一的整体，构成天人合一的本体基础。所谓本体，是决定包括人和万物存在的最根本的、终极的原则和要素。有了气和通作为本体，天人合一就有了牢固的基础。

明　仇英《携琴听松图》

阴阳不测之谓神。——《易传》

不见其事而见其功，夫是之谓神。——《荀子》

人和自然之间也是相通的。人和自然都是由物质构成的，通是人和自然之间进行物质和能量的交换。医学表明，皮肤既是身体与外部世界的隔层，也是联系的通道。皮肤也会呼吸。出汗是呼，吸收外界水分是吸，这便是人与自然的通。人从自然中获得氧气、营养，即是与自然的通。从生态的角度看，人与山水林田湖草沙构成生命共同体，关键即在于通。通把人和自然联系起来，为天人合一奠定了基础，可谓中国古代哲学的生态智慧。

中国古代哲学还认为，阴阳二气的运行变化具有神妙莫测的特点，这叫作“神”。《易传》讲“阴阳不测之谓神”，就是说阴阳二气相互作用、相互推行的不可测度、不可预料、知其然而不知其所以然的特点叫作“神”。神妙莫测是阴阳二气自身运动的结果，是自然自己而然，不存在一位上帝或神灵在这一过程之外或之中命令或主宰这一过程。战国时期著名哲学家荀子对这一自然过程的描述是：“人们看不到它在做什么，却能见到它的功效，这就叫作‘神’。”孔子说：“天何言哉！四时行焉，百物生焉。天何言哉！”天地不言而万物生，这就是“神”的表现。董仲舒总结说：“天地之间的气，实际上是一体的，在性质上分为阴阳两种，在运行上断为四季，在类别上并列为五行。”这一说法把气、阴阳、四时、五行联系起来了，清楚地说明了四者的关系，具有简明直截的长处。

> 天地之气，合而为一，分为阴阳，判为四时，列为五行。——《春秋繁露》

想一想

1. 阴阳二气运动生成天地万物的说法是否是合理的、科学的？
2. 既然人和天地万物都是相通的，那么人吃不吃石头？

四、自然的运行形成了什么？“天地之大德曰生”

自然的运行形成了什么？首先当然是宇宙、天地：我们脚下的大地，头顶的蓝天，再往上的外层空间，整个地球所在的银河系，乃至于整个银河系所栖身的全部宇宙。

现代天体物理学认为，宇宙开始于一个奇点。奇点是一个体积无限小，密度无限大，热量无限高，时间、空间皆不存在，所有物理学定理完全无效的点。奇点爆炸后，产生时间、空间，各种粒子、各种引力，整个宇宙进入形成阶段。奇点是时间和空间的界限，也是现存宇宙的界限。奇点爆炸以前的宇宙是什么样子的，人类不得而知，也难以想象。现代天文观测发现宇宙是不断膨胀的，证实了大爆炸假说的可信度。以大爆炸理论为参照，我们看看中国古代哲学是如何推测宇宙的产生和天地万物的形成的。

> 混沌初开，乾坤始奠；气之轻清上浮者为天，气之重浊下凝者为地。——《幼学琼林》

明代蒙书《幼学琼林》开头说：“混沌刚刚分开的时候，乾坤形成；

气的轻清部分向上浮起，成为天，重浊部分向下沉淀凝结为地。”乾坤是天地，也是阴阳。可把混沌理解为奇点，则混沌初开即大约140亿年前的宇宙大爆炸。大爆炸产生的各种粒子、引力，类似中国古代哲学所说的气。气是微粒、波动和力的统一。大爆炸之初温度极高，物质只能以中子、质子、电子的形态存在。温度下降后依次形成原子、原子核、分子，这些基本物质结合为气体。气体逐步凝聚为星云，形成恒星、星系，最终形成现在的宇宙。需要指出的是，在中华传统文化中，“气”是哲学概念，指构成一切物质的最基本的材料。所以，大爆炸之初形成的粒子以及稍晚些形成的星云都可以说是气的表现形式。大爆炸初期是没有天地的。如果把星云作为天，则勉强可以说有天，但还没有地。如果说天是现在地球之上约8千米厚，外缘尚有稀薄空气包围着地球的天空，那最初就连天也还没有。这个天，其实是在很晚的时间里随着地球的形成而逐渐形成的。地球成为现在的样子，经历了大约46亿年的演化过程。大约46亿

南宋　苏汉臣《秋庭戏婴图》

年前，地球只是一团气体和尘埃，在引力的作用下慢慢凝结为地球。镭、铀等元素引发火山、地震，构造了山脉、河川等。天作为近地空间，是由地参与，并在与地的相互适应中，与人可以居住的地球同步形成的。适合人类生存的空气成分都是随着地球上植物光合作用的出现而逐渐形成的。“气之轻清上浮者为天，气之重浊下凝者为地”之说，大体符合科学。轻清者发散为没有质感的天空，重浊者凝聚成有质感的大地。

盘古像

照盘古开天辟地的传说，宇宙起初是混沌的，盘古用斧头劈开了天地。这个猜测大体上也是对的。劈开类似于大爆炸，只是对盘古一万八千岁的年龄猜测还远远不够。中国古人重视历史记录，可能历史记录的尺度限制了人们对于时间的想象。

我们现在说的“宇宙”，是英文“universe”的翻译，表示一切事物的总和，时间和空间的统一。“宇”和“宙”这两个词在我国古代都有。战国中期思想家尸佼提出：“四方上下曰宇，往古来今曰宙。”“四方”是东西南北，再加上下，恰好是一个立体的三维空间。“往古来今”是时间；三维空间加上一维时间构成四维空间。词语是认识的记录。“宇”和“宙”概念的提出，表明中国古人对于宇宙的认识已经达到了很高的水平。

汉武帝时期，淮南王刘安召集门客集体撰写了一部偏重道家思想的著作《淮南子》，设想宇宙的形成是一个太始—虚霏—宇宙—元气—天—地—四季—万物的过程。《淮南子》说："天地尚未形成的时候，是混混沌沌、无形无象的，所以叫作'太始'。太始产生虚霏，虚霏产生宇宙，宇宙产生元气。元气有一定的边界和形状，其中轻清的部分飘逸上升形成天，混浊沉滞的部分下沉凝结成地。轻清的气容易结合，重滞的气难以凝聚，所以天先成而地后定。天地的精气结合形成阴阳二气，二气的精华生成四季，四季的精华分散产生万物。"

从现代天体物理学的角度看，这个模式在时间上大体是正确的。太始如同奇点，虚霏如同大爆炸后瞬间产生的空间和时间。宇宙约略等于太阳、星系，元气则类似于各类气体状中子、原子等。

天如果指外层空间、太空，那就是先形成的，地球则是后来形成的；如果指近地大气层空间，则如前所述，是在和地球的相互作用与相互适应中形成的。四季、万物也都是在地球的形成过程中演化而成的，其现在的样态都是演化的结果，并非一直如此，固定不变的。气本身也发生了根本性改变，从最初的粒子、中子、原子变为空气、云气。

天坠未形，冯冯翼翼，洞洞灟（zhú）灟，故曰太昭。道始于虚霏，虚霏生宇宙，宇宙生气。气有汉垠，清阳者薄靡而为天，重浊者凝滞而为地。清妙之合专易，重浊之凝竭难，故天先成而地后定。天地之袭精为阴阳，阴阳之专精为四时，四时之散精为万物。——《淮南子》

已故著名哲学家冯友兰先生曾经指出，汉代人的思维方式是“科学的”。这是与“哲学”相对照的意义上的“科学”，不是说汉代人的想法直接就是科学的，而是说汉代人思考哲学问题，倾向于把抽象概念坐实，说成是某种实物，这接近于科学的思维方式。《淮南子》的太始—虚霩—宇宙—元气—天—地—四季—万物的模式，在思维方式上就很科学。至于其具体内容，当然与现代天文物理学还有很大距离。

道生万物的思想起源于老子。

《封神演义》第七十八回：“话说老子一气化的三清，不过是元气而已，虽然有形有色裹住了通天教主，也不能伤他。此是老子气化分身之妙，迷惑通天教主，竟不能识。老子见一气将消，在青牛上作诗一首，诗曰：‘先天而老后天生，借李成形得姓名。曾拜鸿钧修道德，方知一气化三清。’”

道生一，一生二，二生三，三生万物。万物负阴而抱阳，冲气以为和。——《道德经》

《道德经》说："道变为一，一生出二，二生出三，三生出万物。万物背负阴气，怀抱阳气；阴阳二气混融，形成和气。"老子所说的是道—气—物的结构，道、气、物都是哲学概念。与《道德经》相比，《淮南子》中无论是概念的内涵还是对宇宙生成过程的设想都很具体，更接近科学。

《道德经》设想的万物生成过程是一、二、三。《易传》偏向于儒家，与之又有不同，是一、二、四。《易传》说，变易是从太极开始的。太极是原初的气，由它生出阴阳两种性质的气，即两仪。两仪也是天地。阴阳又演化为太阴、太阳、少阴、少阳四象。四象也是四时。四时运行，演变出八卦，八卦两两重叠，成为六十四卦，象征万物生成。

> 易有太极，是生两仪，两仪生四象，四象生八卦。——《易传》

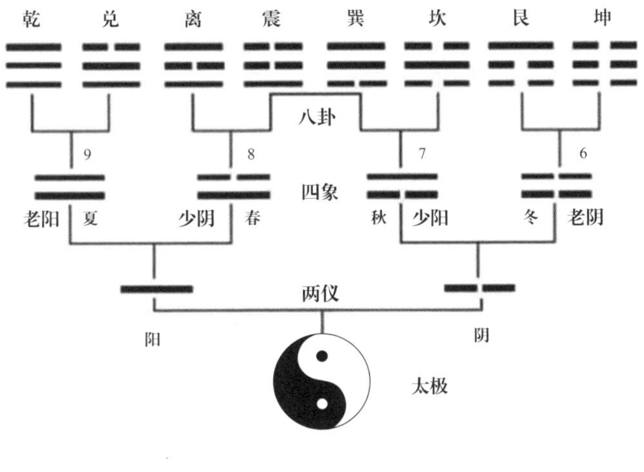

汉代的《易纬》也提出了一个宇宙天地生成的模式，它设想从宇宙

到万物的产生，经历了太易、太初、太始、太素四个阶段。太易相当于大爆炸之前的状态，还没有气。照宇宙大爆炸理论来说，这个阶段是存在的。太初产生了气，类似大爆炸之后的瞬间，产生了时间、各种粒子及引力，宇宙进入演化形成阶段。各种粒子都是气。气虽然源自云气的意象，但它却是一个普遍概念，内涵并不限于云气，可以指一切事物的构成性元素。太始是开始有形象的阶段。太素是开始有质地的阶段，质地即人可以感觉的材料，但还只是材料，不是有形物体。太易阶段气、形、质尚未分离，混沌一片，视之不见，听之不闻，触之无感，所以叫作“易”。这时的混沌，可谓“一”。易变为“一”，“一”位于北方，产生气。“一”变为“七”，“七”位于南方，阳气达到强盛。“七”变为“九”，“九”位于西方，阳气终结；终结后仍回归“一”。“一”是形变的开始。分化出阴阳二气，轻清的气上升为天，重浊的气下降为地，这样就产生了天地。

有太易，有太初，有太始，有太素也。太易者，未见气也。太初者，气之始也。太始者，形之始也。太素者，质之始也。气形质具而未相离，故曰浑沦。浑论者，言万物相浑成而未相离。视之不见，听之不闻，循之不得，故曰易也。易无形畔。易变而为一，一变而为七，七变而为九。九者，气变之究也，乃复变而为一。一者，形变之始。清轻者上为天，浊重者下为地。——《易纬》

清　谢荪《荷花图》

我们再介绍一下北宋周敦颐的设想。大家熟悉周敦颐，主要是因为他的《爱莲说》，却鲜知他画过一幅《太极图》，表示天地万物的生成过程，并写了一篇《太极图说》进行说明。他说："无极也是太极。太极运动起来产生阳气，运动到极端后复归于静止。静止的时候产生阴气，静到极端后又会复归于动。"这里的太极近似太素之后万物混沌无名的状态，因其无可名状，所以叫"无极"。这是"无极而太极"的意思。周敦颐接着指出："动静互为对方的根源。阴阳分出之后，天地也就确立了。阳发起变化，阴来配合，产生金、木、水、火、土五行。五行之气合理地流行分布，形成四季。五行统一于阴阳，阴阳统一于太极，太极本来就是无极。五行的生成，各有其确定的本性。无极之气的精髓和阴阳二气的精华奇妙地凝聚成物，符合乾道的成为男性，符合坤道的成为女性。阴阳二气相互交感变化，生出万物。万物生生不息，无穷无尽。”周敦颐采取的一气、阴阳、五行、四时、万物的思路，可以说是中国古代哲学中一个比较成熟的思路。

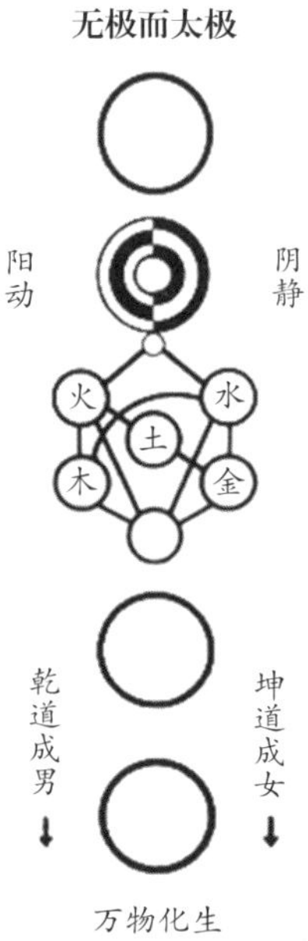

宋　周敦颐《太极图》

无极而太极。太极动而生阳，动极而静，静而生阴，静极复动。一动一静，互为其根。分阴分阳，两仪立焉。阳变阴合，而生水火木金土。五气顺布，四时行焉。五行一阴阳也，阴阳一太极也，太极本无极也。五行之生也，各一其性。无极之真，二五之精，妙合而凝。乾道成男，坤道成女。二气交感，化生万物，万物生生而变化无穷焉。——《太极图说》

总之，中国古代哲学认为自然的运行最终形成了天地万物，诞生了生命并进化出生命的高级形态——人类。所以，《易传》说“天地之大德曰生”，即是说“天地最伟大的特性（德性）就是孕育和滋养生命”。生、生生，是孕育和产生生命，让万物生长，实现自己的本性。《易传》又说“生生之谓易”，即“生命生而又生，永不停息地发展下去就是‘易’”。

> 天地之道，可一言而尽也：其为物不贰，则其生物不测。天地之道：博也，厚也，高也，明也，悠也，久也。今夫天，斯昭昭之多，及其无穷也，日月星辰系焉，万物覆焉。今夫地，一撮土之多，及其广厚，载华岳而不重，振河海而不泄，万物载焉。今夫山，一卷石之多，及其广大，草木生之，禽兽居之，宝藏兴焉。今夫水，一勺之多，及其不测，鼋鼍（yuántuó）、蛟龙、鱼鳖生焉，货财殖焉。——《中庸》

《中庸》对此也有十分透彻的认识。它说：“天地的道理，用一句话就能概括。那就是，它是统一的，不是分裂的，所以能够神妙莫测地产生万物。天、地的特点是广大、深厚、崇高、光明、悠久、长远。说到天，起初它不过是一点点的光明，可是当它积少成多，成为无穷大的天体时，太阳、月亮以及无数星星都悬挂在它上面，地上的万物都在它的覆盖之下。说到地，起初它不过是一撮土那样细微的东西，可是当它积少成多，达到广博深厚的时候，却能够承载五岳等群山而不感到沉重，容纳一切河流海洋而不会泄漏，万物都由它来承载。说到山，起初不过是拳头那样大的石头，可是当它积少成多，达到广大的时候，野草、森林在上面生长，飞禽走兽在里面栖息，宝藏在里面形成。再说水，起初不过是一勺那样少，可是等它积少成多，到不可测量时，鼋鼍、蛟龙、鱼鳖都在里面生长，财富宝货也从里面产出。”

可见，“易”不是一般的变化，不是简单的此物与彼物不同，或者一物自身的过去、现在与未来的差异，而是一个产生生命，并且使生命生生不息地延续下去，形成一个丰富多彩的生命世界的有方向的变化。这个方向也就是自然的合目的性，即自然的“生生之德”“好生之德”。一般来说，目的基于意图，出于规划。只有人有动机，会规划；自然并不会规划，所以不能说有目的。但是，自然的这种趋向生命产生和完善的过程，恰如有一个预定的方向一样，类似于目的，所以叫作自然的“合目的性”。

想一想

1. 请了解一下波尔的量子力学是如何运用阴阳原理的。

2. 比较一下中国古代哲学设想的宇宙演化过程和科学设想的宇宙演化过程。

3. 观察一株植物或其他生命的生长过程，并用语言描述出来。

五、生命是如何形成的？“万物各得其和以生”

要理解万物是如何形成的，生命是如何诞生的，了解“和”的概念很重要。“和”是阴阳二气在运行过程中相互交融、相互配合、相互和谐，从而可以产生事物直到生命的状态。“和”不是阴阳对等、平均，而是二者在适宜的时间、适宜的空间，在份额上各得其宜、方位上各得其所，是一种比例配置和时间分布的适宜。简单地说，“和”是气的运行的和谐状态。老子说“万物负阴而抱阳，冲气以为和”，这里的“冲气”，就是阴阳二气的和谐搭配。《易传》中的“天地氤氲，万物化醇”的“氤氲”，即“和”。

> 列星随旋，日月递照，四时代御，阴阳大化，风雨博施，万物各得其和以生，各得其养以成，不见其事而见其功，夫是之谓神。皆知其所以成，莫知其无形，夫是之谓天功。——《荀子》

《荀子》中有：“众星旋转，日月交替朗照，四季递相变换，阴阳形成宇宙大化过程，风雨广博地施与天地万物，万物各自得到和气而产生，各自得到营养而长成，事物是如何产生的，这个过程谁也见不到，但它

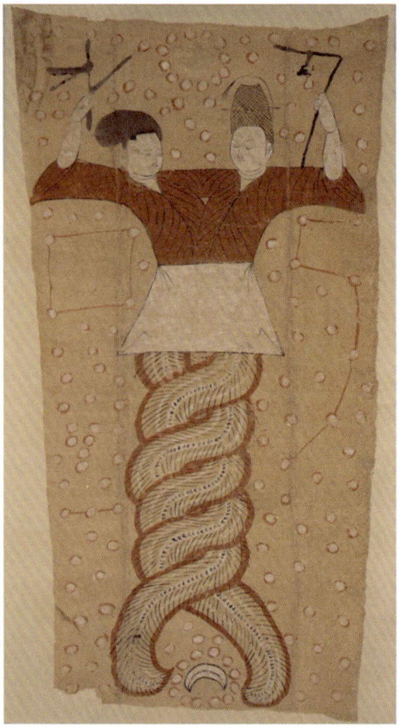

唐 佚名《伏羲女娲像页》

们的形成却是有目共睹的。看不到它做事却见到它成功，这就叫作‘神’；知道它成功却不知道它的‘无形’的过程，这就叫作‘天功’。”这里的“天功”是天地的功绩，即天地的自然而然的作用；“神”是难以理解和形容的神妙莫测，并非上帝、鬼神。

夫和实生物，同则不继。以他平他谓之和，故能丰长而物归之。若以同裨同，尽乃弃矣。——《国语》

“和”是万物产生的基本条件。《国语》上讲，“和”能够产生万物，“同”则事物的发展难以为继。什么是“和”？“以他平他谓之和”，即把一种

宋 佚名《荷蟹图》

东西添加到另一种东西中，让不同的东西融合在一起。阴阳融合，方能产生新事物，促进新事物形成和生长。相反，若只是同一种事物增加量，最后得到的仍是这种事物，并不能产生新的事物。这就是“同”。比如，以水兑水，终究还是水。“和”是不同元素的融合，归根结底是阴阳二气的融合。有两个成语，一个是“相辅相成”，一个是“相反相成”，用它们来说明阴阳二气在事物形成过程中的不同作用是很恰当的。照《周易》所说，“一阴一阳之谓道”，阴和阳必须相遇、相交才能产生万物。所以，任何事物都是阴阳俱备的，而非独阴或独阳，自然界总是处于阴阳并存并且相交的过程中。阴阳在事物生成过程中发挥的作用各不相同。总体上说，阳是主动的一方，阴是被动的一方。具体地说，二者的关系可分为四种。其一是阳主阴辅，即阳的一方发动，阴的一方辅助。其二是阳生阴成，即阳的一方生出，阴的一方长成。其三是阳生阴杀，即阳主导生长，阴主导死亡。其四是阴阳循环，递相为主。第四种关系是就一个具体的生长周期来讲的，在生长阶段阳为主导，而在死亡阶段阴为主导。就整个自然过程来说，则生生不息是终极原则。也就是说，宇宙总体上是以阳为主导原则的。作为主导性原则的阳是天地万物生生不息的本体基础。

有像斯有对，对必反其为；有反斯有仇，仇必和而解。——《正蒙》

强调“和”是中华传统文化的特点。“和”不仅是自然规则，也是社会规则，具有普遍性。张载深刻地论述了“和”的原则。他说：“万物各有形象，所以形成对立，对立两方的运动与行为一定是相反的。相反则会产生冲突，冲突的最终结果一定是和解。”当然，并不是一切冲突最终都会归为和解，但把和解作为一种价值观，则是可取的。

想一想

观察或想象一下阴阳二气运行的“和”的状态。

六、什么是自然的“本心”？“天地之心，惟是生物”

自然即天地，天地即自然。天地有没有心？如果有，是什么？前面说的自然或天地运行的总趋势可否叫作“天地的心”？

照常识来看，人才有心，天地怎么会有心？不过，若从中华传统文化来说，天地是有心的。我们看一首诗：

兰叶春葳蕤，桂华秋皎洁。

欣欣此生意，自尔为佳节。

谁知林栖者，闻风坐相悦。

草木有本心，何求美人折。

这是唐朝张九龄《感遇》诗的一首，表达了作者直道而行，遇而不求的清高孤傲。我们这里引用这首诗是“断章取义”，重点关注其中的两个重要词语，一是“欣欣此生意”中的“生意”，一是“草木有本心”中的“本心”。“生意”现在指经营商业，做买卖，其实并非这个词原本的含义。这个词的本义如《感遇》所示，是天地万物的活力、生命力，大千世界的勃勃生机。中国古代哲学认为，阴阳的运行最终形成了生意盎然、生机勃勃的世界。《易传》的“天地之大德曰生”“生生之谓易”，孔子的“天何言哉，四时行焉，百物生焉”，《中庸》的天地之道“生物不测”，等等，都是对天地万物的“生意”的表述。“无边光景一时新”的春日，“草色遥看近却无”的青草，“绿柳才黄半未匀”的嫩芽，“可爱深红映浅红”的鲜花，都是万物生意的表现。

“生意”就是草木的本心，草木的本心就是“天地之心”。前文讲的自然的合目的性，也是天地的本心、天地之心。

清 李鱓《桃花柳燕图》（局部）

《周易》有个复卦，卦象为䷗。其下卦为震，代表雷；上卦为坤，代表地；卦象是“雷在地中”。复卦最下一爻，即初爻为阳爻，二、三、四、五、上皆为阴爻，所以复卦的卦象是“一阳来复”。春联常有“一阳来复，万象更新”或“一阳来复，大地回春”，即来源于此。所谓“一阳来复”，是指阳气在四季运行过程中复归主导地位。前面说过，《易》要动态地理解，其读法表达气的运行方式。阳是主导生命、生长的，所以“一阳来复”表示大地生意回复。《易传》上说“复，其见天地之心”，意思是“复呈现了天地之心”，也就是说，“一阳来复”是天地之心的表现。阳是主生的，所以天地之心或天地的本心是生长万物。张载指出："天地之心正如《易传》所说'天地的伟大德性是生长万物'，乃是以生长万物为根本。复卦'雷在地中'的卦象之所以表现天地之心，原因即在于天地之心只是生长万物，雷在地中回复，就是为了生长万物。"

大抵言"天地之心"者，"天地之大德曰生"，则以生物为本者，乃天地之心也。地雷见天地之心者，天地之心惟是生物，天地之大德曰生也。雷复于地中，却是生物。——《张载集》

从四季运行来看，一阳来复之日大抵相当于农历十一月十五日，是冬季冷极而暖气始生的时节。邵雍诗"冬至子之半，天心无改移。一阳初起处，万物未生时"，讲的就是一阳来复的时刻。为什么说"复，其见天地之心"，而不是别的时刻见天地之心呢？朱子解释说："天地之心当然是一直没有止息的，但没有端倪可见。只有在一阳发动的时候，生意才显现出来，这是天地之心显现的端绪，动的头绪从此开始，所以能从这里看到天地之心。"可见，"复"是运动的开端，是静中的动；生生的运动就此开始。

天地生物之心，固未尝息，但无端倪可见。惟一阳动，则生意始发露出，乃始可见端绪也。言动之头绪于此处起，于此处方见得天地之心也。——《朱子语类》

但是，“复，其见天地之心”，并不是说只有“复”才是“天地之心”，否则，不是“复”的时候，天地岂不是没心了？天地的“生意”岂不是断绝了？这样的话，万物又怎能生生“不息”？所以，朱子特别强调，天地的生意是永无止息的，“复”只是最能体现天地之心的时候，天地之心并不只是“复”，平时万物所表现的都是天地之心。

现在我们看，用“生意”指企业经营多么意味深长！企业要有生意、生机、生命力。因为生意又是仁（此点下文讲解），所以经营的实质是把爱撒向人间。不过，这不是本书的主题，暂且按下不表。

想一想

请观察初春植物的嫩芽，体会天地的生意。

七、“仁”和“生生”是什么关系？“仁者，天地生物之心”

本书第一章已经谈到，植物的种子或果实很多都带一个“仁”字，如瓜子仁、核桃仁、花生仁、玉米仁等。这个“仁”，也就是植物的生意、天地的生意。仁是天地万物的生意、天地生物之心，这是中华传统文化的重要道理。这个道理是如何得到的呢?

先秦时期，《易传》说“天地之大德曰生”“生生之谓易”，生又是“一阳来复”“天地之心”，所以，天地之心就是生生不息。关于天地万物的生生不息，与乾、坤卦相关的《彖传》有进一步的说明。

《易传》中有《彖》，称为《彖传》或《彖辞》。“彖”的意思是“断”，《彖传》的内容与断定卦名和卦辞的含义有关。《彖传》说：“多么浩大啊，肇始一切的天！万物靠它的帮助得以产生，它统领万物。兴云降雨，各类事物流布成形。太阳落下复又升起，照耀大地。上下与四方六个方位得以形成。太阳驾御六龙车，在天空中按时巡行。天道发展变化，万物在这一过程中得到自己的生命与属性；保持自然的太和，普利万物，以利于守持正固。天生出万物，各方百姓生活安宁。”《易传》是一套语言两种意思，描述自然是一重，说明筮法体例又是一重，上面的说明是描述自然的运行。

大哉乾元！万物资始，乃统天。云行雨施，品物流形。大明终始，六位时成，时乘六龙以御天。乾道变化，各正性命。保合大和，乃利贞。首出庶物，万国咸宁。——《彖传》

《彖传》说："多么广大啊，地的德性！万物在它的帮助下生长，它是顺承天的。地德性博厚，承载万物；德性弘大，广博包容。"

至哉坤元！万物资生，乃顺承天。坤厚载物，德合无疆；含弘广大，品物咸亨。——《彖传》

五代　黄荃　《写生珍禽图》

流传于战国后期和秦汉之际，编定于西汉的《礼记》(亦称《小戴记》)，明确地把自然的生长性叫作“仁”。其中说：“春作夏长，仁也。”又说：“东方为春，春的意思是蠢然而动。能产生万物就是圣。”注意，这里的“蠢”，是开春后诸虫蠕动的样子，指生命的复苏，和我们现在说的蠢蠢欲动还有所不同；“圣”是生长的意思。《礼记》接着说：“南方为夏。夏的意思是‘大’。夏滋养万物，让它生长、长大，这就是仁。”这些话都表明了生生是天地之仁的意思。董仲舒提出了“仁”为“天心”的主张。作为“天心”的“仁”，是万物生长发育的根本。

> 东方者春，春之为言蠢也，产万物者圣也。南方者夏，夏之为言假也，养之、长之、假之，仁也。——《礼记》

《易传》说“天地之大德曰生”“复，其见天地之心”，可见生生即天心、天地之心；

《礼记》说“生生为仁”；

董仲舒说“仁，天心”；

张载说“天地之心，惟是生物”。

这样，生生、仁、天心或天地之心三者就一致起来了。“仁”给自然运行确立了一个生生不息的方向，仁就是自然的生生不息，自然的合目的性。程颢说：“万物体现出来的生意是最可玩味的，这就是《易传》所说的‘肇始万物的元是最高的善’，也就是人们所说的仁。”

万物之生意最可观，此元者善之长也，斯所谓仁也。——《二程集》

有以上认识为铺垫，朱子提出“仁者，天地生物之心”，也就水到渠成了。

中国古代自然观认为春生、夏长、秋收、冬藏。冬天万物萧索，都停止生长了，是不是就没有生意了？古人不这么认为。朱子指出，天地

南宋　鲁宗贵《吉祥多子图》

的生意是贯穿四季始终的，冰霜雪雨也是生意的表现。冬天万物都收藏，但“何尝休了，都有生意在里面。如谷种、桃仁、杏仁之类，种着便生，不是死物，所以名之曰‘仁’，显现出来的都是生意。”清代沈起元说“果之仁，天地之仁也”，这可视为对花生仁、核桃仁一类说法的总结。值得注意的是，花生、玉米都是明代中期才传入中国的。对外来物种的种子或果实也用“仁”来命名，这表明“仁”是我们认识天地万物的一个普遍范畴。总之，“仁者，天地生物之心”，天地以生长万物为自己的心，仁即天地生长万物的心。

想一想

既然说“天地之大德曰生”，为什么自然界还有死亡现象？

八、“道是无晴却有晴”：中国古代哲学的有机生态自然观

唐代诗人刘禹锡是个心胸豁达、风趣幽默的性情中人。他年轻时从政，欲有所作为，参加了王叔文领导的“永贞革新”；变法失败后，遭贬任朗州（今湖南常德）司马，一去就是十年。后被朝廷召回，见这十年间得到提拔的各色人等，颇不以为然，就写了一首“戏赠”诗《元和十年自朗州召至京戏赠看花诸君子》调侃权贵，云：“紫陌红尘拂面来，无人不道看花回。玄都观里桃千树，尽是刘郎去（或为‘别’）后栽。”祸从笔出。当年他又被流放了，辗转至连州（今广东连州）等地。十四载后回到朝廷，任主客郎中，重游玄都观，见“荡然无复一树，惟兔葵、燕麦动摇于春风耳”，不胜唏嘘，遂写下《再游玄都观》，云：“百亩庭中半是苔，桃花净尽菜花开。种桃道士归何处？前度刘郎今又来。”程颢说：“做官夺

人志。”做官和作诗通常有矛盾。做官须包容隐忍，大而化之，藏器待时，不可径情直遂。作诗却相反，就是要直抒胸臆，修辞立诚，若不诚且无物，何以感人？能够游走于政诗两界的人是大才。

介绍刘禹锡，是想借用他的“东边日出西边雨，道是无晴却有晴”这两句诗。他巧妙地用天晴双关地说人的感情。我们也做双关理解。自然可以有雨有晴，又雨又晴。自然是丰富多彩的。这种丰富多彩，绝非杂陈并置的，而是有发展方向的。这个方向便是生生不息的仁，也就是自然的“情”。

无论是儒家还是道家，都主张通天地一气，气分阴阳，阴阳相互作用形成天地万物。不同的自然实体、人和自然实体、人和人都是一气贯通的整体。杜维明把这叫作“存有的连续性”。存有，指一切存在，包括人和物；连续，指不同物之间不是隔断的。《红楼梦》中贾宝玉前世是一块通灵宝玉，而玉其实是一种特别的石头。女娲抟土造人，人来自泥土，说明人和土地是连续的。有一个成语“钟灵毓秀”，说美丽的山水孕育杰出的人物，同样是把自然和人连接起来。可见，自然和人其实是一个整体。至于从呼吸、进食、排泄来说，人跟自然更是分不开的。土地也好，

北宋　王希孟《千里江山图》

石头也好，都是气的一种具体形态，所以，中国人的自然观、宇宙观是一气贯通的整体观。

这种整体还是有机的整体。有机首先须是一个整体，但这个整体的各个部分的联系有一定的特殊性。人是有机体，身体的各个器官是由血脉贯通的。血脉不贯通，就会出问题。血脉贯通，才是一个正常的人，可以感知，可以认识，可以思考，可以劳动。很多东西不是有机体，没有血脉贯通的特征。比如，一张桌子，是不同部件机械地叠加组合在一起的，去掉一个简单的部件，并不妨碍它还是一张桌子并继续发挥作为桌子的功能。但是，人就不同了。人的器官出现病变，如果不能自愈，又无法治愈，那一定会出现健康问题，甚至生命危险。整个自然界是不是一个有机体呢？照中国古代哲学来说，是的。机械观点认为，一座山，人们去开采石头，无论怎么开，山还是山，只是矮小了点；一片森林，人们去采伐木材，林还是林，只是树少了些。可是，照中国古代哲学来看，气是自然的血脉，山水林田湖草是自然的器官，血脉与器官是要贯通的。“天降时雨，山川出云。”山都被挖空了，树也被砍光了，自然就没有血脉循环的器官了。气不循环，水旱灾害就会随之而来，甚至出现更严重的气象灾害、地质灾害也不足为奇。近几十年来，我们见过的水源污染、土壤污染、空气污染等事件太多了！鉴于种种痛彻的教训，是时候接受有机生态自然观了！山水林田湖草和人是一个生命共同体。

英国化学家拉夫洛克提出了著名的盖娅（Gaia）假说，以古希腊神话中的地球女神盖娅命名，认为地球是一个生物学意义上的有机整体，并作为一个具有自我调节功能的系统而进化。这种观点是符合中国古代哲学的精神的。

法国　乔治·修拉《大碗岛的星期日下午》

前面讲过，《易传》“天地之大德曰生”的“德”是特性、性质，也是品德。我们把天地给予万物生命、促使万物生长的特性赞美为天地的品德。天地给予万物生命，其自身也是有生命的，自然本身就是一个生命体。它可以是健康的，也可以是疾病缠身的，被污染的自然就是疾病缠身的自然。如果患上了污染的疾病，自然本身无法自愈，人又不去主动地治理，长此以往，自然便会失去供给生命的生生不息的特性，就死亡了。皮之不存，毛将焉附？自然死亡了，人类还能侥幸地存活下来吗？

元者，善之长也。亨者，嘉之会也。利者，义之和也。贞者，事之干也。君子体仁足以长人，嘉会足以合礼，利物足以和义，贞固足以干事。君子行此四德，故曰：“乾：元，亨，利，贞。”——《乾·文言》

生生不息是自然运动的方向，也是自然的善。“一阴一阳之谓道，继之者善也，成之者性也。”继之者善，首先是自然机能的完善。阴阳相继，递相为主，没有差错，这便是完善。这种完善有益于人，是自然对人的善。这样，机能的完善就上升为德性或品德的善。自然具有与人为善的德性。“大哉乾元”“至哉坤元”都是对天地生养万物的赞叹。“成之者性”是说自然把这种完善和品德之善在生生不息的大化过程中赋予人和物，成为其本性。从大化自身来说，万物包括人在初始源头上都有善的特性。可见，自然的“情”，不是一般的感情，而是本真的显现，也就是“善”。

在儒家、道家看来，自然是真、善、美的统一。若加上佛教，则还需加上一个“如”。自然是真、善、美、如的统一。自然是真实地存在的。自然同时也是善的和美的。儒家也谈自然的美，但偏重自然的善；道家则相反，也谈自然的善，但偏重自然的美。乾卦的卦辞是“元亨利贞”，照筮法应读为“大亨，利占”，意思是占得此卦，可以举行大规模的祭祀，会得到有利的占问。《乾·文言》对此进行了哲理性解释，指出：“元，意味着生养万物，是最崇高最伟大的善。亨，意味着通顺，是各种美好事物的汇聚。利，意味着利益，是行事合义的回应与反馈。贞，意味着坚定，是各种事情的主干和支撑。君子把仁作为自己的德性，才能够领导众人；能够把各种美好的事物汇集起来，方能叫合乎礼仪；能够有利于各种事物，给人带来利益，才是应和了道义；德性坚贞，才能够成为骨干。这四种德性是任何一位君子都应该具备的，所以叫作元亨利贞。”这里强调了自然的善。儒家的自然是善的，道家的自然是美的。庄子说：“天地有大美而不言，四时有明法而不议，万物有成理而不说。圣人者，原天地之美而达万物之理。”美和善都是真的，中国古代哲学的自然观促使中国人形成真、善、美意识和坚守真、善、美的德性，所以《易传》要人坚守元、亨、利、贞四德，庄子主张圣人探究天地的美和道理。

不要认为中国古代哲学的自然观是一种肤浅的目的论，像基督教哲学讲的那样，植物活着是为了动物，动物活着是为了人。动物是不是为了给人吃而生的？或者说，动物存在的价值，是不是就在于它能够被人吃？这样的观点，不是中国古代哲学所能认同的。程颐有一个很有趣的反驳。他说，如果真的如此，难道天生人是为了让虱子吃吗？由此看来，中国古代哲学的自然观层级要更高一些，强调天地大公无私，对于一切事物一视同仁。

《吕氏春秋》中说：“上天覆盖大地没有偏私，大地承载万物没有偏私，日月普照四方没有偏私，四季往来运行没有偏私。它们各自施行它们的恩德，所以万物才能够生长。”老子《道德经》上讲，“天地不仁，以万物为刍狗”。这个思想在《系辞》中也有反映，其中说：“显诸仁，藏诸用，鼓万物而不与圣人同忧”。这是说，自然的运动，显现出来的是生生不息的仁，可是人们并不能看见生生不息形成的机制，它发挥作用的过程是隐藏的。仁德显于外，功用藏于内。这叫作“显诸仁，藏诸用”。鼓动万物就是使万物生长发育。万物生长发育的过程是自然无为的，和圣人忧心天下的有意做为不尽相同，所以叫作“不与圣人同忧”。

天无私覆也，地无私载也，日月无私烛也，四时无私行也，行其德，而万物得遂长焉。——《吕氏春秋》

前文讲到“天地之心”“天地生物之心”，中国古代哲学认为天地是有心的，而这里说万物生长发育是一个自然的过程，意思似乎是说天地是无心的，这两者是不是矛盾的？其实不然。天地之心是“无心之心”。一方面它是一个自然的过程，这是它的无心之处；另一方面，它又是一个趋向于生生不息的过程，这则是它的有心之处。所以北宋程颢指出，“天地无心而成化，圣人有心而无为”，天地以生物为心，这是天地的无心之心。生态哲学家霍尔姆斯·罗尔斯顿Ⅲ也说：“进化的生态系统中存在着一种创造性，它以我们还没充分理解的机制，形成一切生物物种与生命过程。”[1]“有机动力”“创造性”都可以说是“生生”或“生生之德”、天地之心、无心之心。

想一想

你是否感受过自然的真、善、美、如之处？

①霍尔姆斯·罗尔斯顿Ⅲ．哲学走向荒野 [M]. 刘耳，叶平，译．长春：吉林人民出版社，2000:409.

第三章

什么是人？

第三章

导读：中华传统文化讲究“天人合一”“究天人之际”。上一章讲了自然，也就是“天”，接下来就该讲“人”了。中华传统文化认为，人禀赋有天性，能够通过修身养性成圣成贤，达到天人合一的境界，所以是天地间最为宝贵的。但人宝贵归宝贵，却并不是宇宙的中心，不是西方近代意义上的具有征服性、占有性的主体，而是用道德的态度关爱自然、对待自然的德性主体、责任主体和生态主体。

引子 人是两足无毛的动物吗？

什么是人？古今中外的哲学家无不殚精竭虑地思考这个问题。据说在古希腊，著名哲学家柏拉图说，人是两足无毛的动物。后来另一位古希腊哲学家第欧根尼就杀了只鸡，拔光了毛，拿给学生们说，这就是柏拉图说的“人”。

一、天地间人是最宝贵的："天地之性，惟人为贵"

第欧根尼的有趣故事表明，如何认识人，是西方哲学始终关注的问题。亚里士多德认为，人的特征是有理性。所谓理性就是通过建立理论体系来理解和认识世界的思维能力。如何认识人，同样是一个贯穿中国古代哲学始终的话题。中国古代哲学认为万物都是由气构成的，人也是如此，所以，可以通过与天地万物的对比来认识人。荀子说："水、火是由气构成的，但没有生命。草木有生命，但没有知觉。禽兽有知觉，但不懂道义。人也是由气构成的，不仅有生命，有感知，而且还懂得道义，所以是天地之间最为宝贵的。"这表明，人的宝贵之处根本在于懂得道义，具有道德认知和实践能力。有道德是儒家认为人之所以为人的根本所在。荀子所说的，可用下面的表格来表示。

	气	生（生命）	知（知觉与认知）	义（道德与礼仪）
水、火（无机物）	●			
草木（植物）	●	●		
禽兽（动物）	●	●	●	
人	●	●	●	●

> 水火有气而无生，草木有生而无知，禽兽有知而无义，人有气有生有知亦且有义，故最为天下贵也。——《荀子集解》

在古代，道德高尚的一个重要标志是遵循礼制。所以，《礼记》上说：“鹦鹉能学人说话，但仍旧只是飞禽；猩猩也能说一些话，但终究还是走兽。人若不懂礼仪，尽管能说话，可是他的心和禽兽的心有什么两样呢？禽兽没有礼制伦常，父子共用雌性。所以圣人站了出来，制定礼仪，教导人们。有了礼仪，人就与禽兽不同了。”把是否有道德作为人和动物的区别，是儒家的重要思想。孟子说“人之异于禽兽者几希”，“几希”是很少。由上表可知，在荀子看来，动物和人相比缺少的仅是礼仪道德，

东晋 顾恺之《女史箴图》（局部）

真可谓“几希”。这是儒家关于人禽之辨的基本认识。礼仪和道德相互促进，形成了中国传统社会的制度文明。礼仪制度是丰富灿烂的中华文明的一部分，也是中华文明能够历数千年之久而弥新的文化支撑。当然，中华传统文化也没有忽视认知性智慧或者说理性的作用。东汉哲学家王充在《论衡》中提出：“人，物也，万物之中有智慧者也。”又提出：“知即力。”这是说，认知能力或者说知识就是力量。西方社会进入近代以后，英国哲学家培根在18世纪提出知识和力量是合于一体的，这就是通常所说的“知识就是力量”。

鹦鹉能言，不离飞鸟；猩猩能言，不离禽兽。今人而无礼，虽能言，不亦禽兽之心乎？夫唯禽兽无礼，故父子聚麀。是故圣人作，为礼以教人，使人以有礼，知自别于禽兽。——《礼记》

由于人兼具认知和道德，所以，记录尧舜禹汤时期政治经验和政府文告的《尚书》说：“天地是万物的父母，人是天地万物之中最有灵性的。”《孝经》记载，孔子说：“在天地所生的万物中，人是最为宝贵的。”那么，人究竟贵在什么地方呢？王充说：“贵其识知也。”即贵在人有认知能力。照唐玄宗说，人贵在“异于万物”，即与万物不同。那么，人与万物究竟有什么不同，请看下文。

惟天地，万物父母；惟人，万物之灵。——《尚书》

天地之性人为贵。——《孝经》

想一想

天地间人是最宝贵的，宝贵在什么地方呢？

明 仇英《梧竹书堂图》

二、人是天地的心：“人者，天地之心也”

人者，其天地之德，阴阳之交，鬼神之会，五行之秀气也。——《礼记》

人与万物究竟不同在什么地方？中国古代哲学认为，万物都是由气构成的，气分为阴阳两种性质；阴气的特点是凝聚、收敛，阳气的特点是扩散、生长。金、木、水、火、土五行是由气凝结而成的五种物质。《礼记》认为，人是天地覆载万物、生养一切的德性的凝聚和体现；是阴阳二气的交汇，是形体和精灵的结合。人禀得了五行的精华，具有仁、义、礼、智、信五种德性。秀气是阴阳二气中优秀的部分。所谓优秀，是气的阴和阳两方面配合适当，能够形成人这样具有感知和仁、义、礼、智、信五种德性的生命。在成语“钟灵毓秀”中，“钟灵”是“灵气”或“秀气”的荟萃，灵气荟萃的总是山川秀美，“毓秀”是孕育和产生优秀的人物。“阴阳之交”“鬼神之会”都是“五行之秀气”的铺垫，三者合起来说明天地之德。《易传》上说“天地之大德曰生”，天地的特性是生长万物。既然人体现天地的德性，那么人便具有帮助天地生长万物的责任。

人者，天地之心也，五行之端也。——《礼记》

由于人是由气的优秀部分组成的，有道德，又有智慧，体现了天地的特性，凝聚了天地的德性，所以古人又提出了一个十分重要的说法：“人是天地的心，五行的开端。”这里的心，兼有心脏和思维两种含义。孟子说：“心之官则思。”思属于仁义礼智“四端”中的“智”，主要指知是非的道德判断能力。心对于人是十分关键的，主导着人的一切行为。照孔颖达所说，天高远在上，下临四方，心与人的动静都是相应的。心能够

清　周笠《深柳读书堂》

感知四肢的运动，也能指挥这些运动。人在天地之间，就如心在人身上，也能感应天地的运动，发起天地的动静。天地间有人，恰如人有心。所以，天地间人最灵，人身上心最灵，人是天地的心。

人为天地之心，意味着再没有别的什么是天地的心了。张载说：“天再没有别的心了，天心都在人的心上。”程颢、朱熹也说：“自家的心便是鸟兽草木的心。”王阳明遵此指出：“人的良知，便是草木瓦石的良知。”前文说到，天地之心是生意，生意是生生不息的趋势，并不是一个实在的或固定的点。人心为天地之心，而人心是有固定的点的，这是不是矛盾？必须指出，人心指的是心的生意、心的仁，而不是那一团血肉之心。人虽然有心，但若心上没有生意，没有仁，那也不能叫心，只能叫作一团血肉而已。这个道理要反复体会。否则人都死去了，没有心没有生意了，难道天地就没有本心本体了？那该多荒谬！

天无心，心都在人之心。——《张载集》

自家心便是鸟兽草木之心。——《朱子语类》

人的良知，就是草木瓦石的良知。——《传习录》

人心为天地之心的说法，一方面提升了人在天地间的价值和地位，另一方面也规定了人在天地间的作用——替天行道，帮助和促进天地万物实现生生不息的本性，这是人的生态责任。心则可以说是人的生态德性。“人者，天地之心”也是当代生态哲学探索得出的最为前沿的结论。霍尔姆斯·

明　董其昌《仿古山水册》（局部）

罗尔斯顿Ⅲ指出：“生物进化产生出人类是自然唤醒了心智；同样，从个体的发育看，个体意识到自己的存在也是自然唤醒了心智。……生态的刺激使人类的主体‘我’诞生了。”“大地的景物以我来对它进行沉思，我就是它的意识。”[1]“我就是它的意识”，正是“人者，天地之心也”的意思。

想一想

1. 人是天地之心吗？人心和猪马牛羊之心相同吗？

2. 人要不要吃素？如果要吃素，那吃到什么程度为合适？

① 霍尔姆斯·罗尔斯顿Ⅲ．哲学走向荒野［M］．刘耳，叶平，译．长春：吉林人民出版社，2000:409.

三、人类中心主义与非人类中心主义

“人者，天地之心也”是中华传统文化的主流儒家学派的观点。这句话中“心”的意思是思维、德性，那么，“心”有没有“中心”的意思？也就是说，“心”有没有以下这些意思：人是天地万物的中心，天地万物围绕人而存在；进一步讲，人是主体，自然是客体；人有价值，自然除了满足人的欲望之外没有价值；自然必须被控制和征服、利用和消费，来满足人的各种欲望。如果有这些意思，那么人为天地之心便是被当前世界生态哲学界广泛批判的人类中心主义（Anthropocentrism）了。“人类中心主义”这个词很形象，人是中心，其他都是围绕人转的。“环境”这个词就有些人类中心主义的意味。“环”似乎就是一个圆圈，“境”是外部世界，“环境”意味着外部世界环绕着人，这就易于忽视环境自身独立自在的特点，忽视环境自身的价值。人类中心主义是导致近代以来全球性生态危机的思想根源，作为对这种思潮的批评反思，学界出现了非人类中心主义或反人类中心主义的思潮。非人类中心主义有很多种，如整体主义、动物权利论、生态中心论、生物中心论等。比照人类中心主义可知，这些理论的要点是否定人的中心地位，把生态、生物等作为中心，肯定自然自身的价值，要求建立以自然生态为准则的伦理观和发展观。

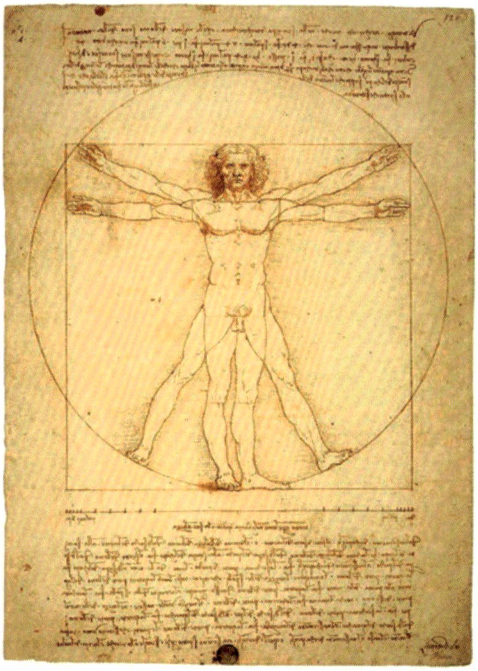

意大利　达·芬奇《维特鲁威人》

儒家的“人者，天地之心也”，是不是人类中心主义？答案是否定的。人类中心主义的基本特征是主客分离、对立，主体征服和控制客体，而包括儒道在内的中国古代哲学强调的都是“天人合一”。“天人合一”的基本含义是尊重自然，顺应自然，保护自然，帮助自然，与自然和谐共存，这些都与人类中心主义的精神有根本不同。中国古代哲学认为，天和人的关系类似于人的心和自己的四肢的关系。心和四肢是不会对立和排斥的，否则就是身体出了问题。所以古人特别强调，天人合一不是像拼图那样，把人拿来往天里镶嵌，这样天和人还是分离的。程颢说：“天和人本来就不是两个部分，不必特意地说二者要合为一体。”这表明二者本来就是一体的。

想一想

1. 设想一下自己和天该怎样合一。

2. 设想几种天人合一的形态。

四、中华传统文化的主体观：德性主体与生态主体

那么，中国古代哲学是不是非人类中心主义呢？也不是。非人类中心主义超出人与自然的平等，以生态、生物等为中心，否定人的特别地位，也不符合儒家哲学的基本精神。儒家哲学认为，人和自然还是有所不同的。人是灵的、贵的、具有主体性地位的。不过，这种主体不是西方近代以来的那种对自然进行占有、控制和征服的侵略性主体，而是善待自然，承担对自然的生态责任的德性主体、仁爱主体、生态主体、责任主体。

德性主体首先要求人心要同于天地生生之德。《乾·文言》说："所谓大人，他的德性如同天地一样让万物生生不息，他的光明好似日月一样照临大地，他的政令就像四季一样有序运行，他的赏罚犹如鬼神的意志一样福善祸淫。他先于天时行动，天也不会背弃他；他后于天时行动，也一定能够顺承天时。"这一段，我们称为"四合其德"。这里的"德"，即"德性主体"，其实质是对自然承担责任，也可以说是责任主体；其内涵是同情自然，尊重万物的生命。人是天地之心，"天地的心，只是孕育和生长万物"，没有止息。人的贵和异就在于能够体会和服从天地的意愿，把自己的生生之心推广出去，把天地生养万物的职能作为自己的职责，助天行道，"延天佑人"。《中庸》把人的这种行为称为"参天地，赞化育"，

即参与和帮助天地万物生生。这是儒家哲学主张的人的道德的、宇宙的职责。

夫大人者，与天地合其德，与日月合其明，与四时合其序，与鬼神合其吉凶，先天而天弗违，后天而奉天时。——《乾·文言》

“德不孤，必有邻。”德性主体的思想得到了罗尔斯顿的回应。他承认人类超拔于其他生命，是贵族，但又指出只有在弄清自己的局限，维护大地的完整的时候，人类才会变得高贵起来。这正是仁爱主体、生态主体的意思。罗尔斯顿是西方学者，不太赞同用东方的思想来解决生态危机问题。但他不知道，他提出的许多对于西方来说颇为新颖的观点，其实在中国哲学中已经深入地论述过，他只是用西方概念又论证和表述了一遍而已。

宋　佚名《柳溪泛舟图》

想一想

如何体会和落实自己的生态德性？

五、“元气阴阳坏而人生之”：人是自然的害虫吗？

不过，人和自然的关系并非总是那么和谐。唐代韩愈在与柳宗元的对话中提出了一个很有意思的看法：人或许只是自然的害虫而已。他说，物坏了会生虫，元气、阴阳坏了会生人。虫生了以后物会更坏。因为虫啮噬物，咬出洞做窝，对物的祸害愈加严重。如果有谁能把虫去掉，那就有功于物了。相反，如果谁让虫繁衍生殖，那一定是物的仇敌。人对元气、阴阳的毁坏与虫对物的破坏相比，真是有过之而无不及。人开垦田地，砍伐树木，凿泉挖井饮水，掘地打墓埋人，挖茅坑，垒墙垣，修城郭，筑台榭，建游观，疏川渎，通沟洫，开池塘，钻燧取火做饭，冶炼金属制器，抟揉陶土烧制盆罐，雕琢打磨玉石制造饰物，害得自然萎靡不振，万物不能尽其本性。人这样怒气冲冲，往来不停，攻击、残害、破坏、干扰自然，不肯罢手停止。人类祸害元气、阴阳，不是比虫子祸害众物厉害得多吗？如果有谁能够杀掉这些残害自然的人，使人口日消月减，元气、阴阳遭受的祸害越来越少，那就有功于天地了。如果有谁让人口繁衍，那一定是天地的仇敌。

物坏，虫由之生。元气阴阳之坏，人由之生。虫之生而物益坏，食啮之，攻穴之，虫之祸物也滋甚。其有能去之者，有功于物者也；繁而息之者，物之仇也。人之坏元气阴阳也亦滋甚：垦原田，伐山林，凿泉以井饮，窾（kuǎn）墓以送死，而又穴为偃溲，筑为墙垣、城郭、台榭、观游，疏为川渎、沟洫、陂池，燧木以燔，革金以镕，陶甄琢磨，悴然使天地万物不得其情，倖倖冲冲，攻残败挠而未尝息。其为祸元气阴阳也，不甚于虫之所为乎？吾意有能残斯人使日薄岁削，祸元气阴阳者滋少，是则有功于天地者也；繁而息之者，天地之仇也。——《柳宗元集》

儒家哲学主张“万物各得其和以生”，人尤为特殊，是得五行之秀气的产物。韩愈“元气阴阳之坏，人由之生”的视角很独特，与前人都不相同，不过也有他的道理。人的存在的确是以消费自然为条件的。经过200多年的工业化，生态危机已成为全球性问题。人类如果再不约束自己的行为，就可能真的成为地球的害虫了。当代生态哲学有个叫“生态法西斯主义”的流派，认为人的存在是对自然的破坏，主张消灭多余人口。那么，谁有权力、有资格、有能力推行这种政策呢？谁又该被消灭呢？结果一定是有权有势有财、掌握先进科技的那部分人消灭无权无势、贫穷落后的那部分人，酿成人道主义灾难。这种观点违背了儒家的仁爱观念，极不可取。当然，合理规划消费，减少资源消耗与浪费，建立新的生活方式，也是人类必须面对的新课题。应当认识到，地球可以没有人而存在，人类却不可以离开地球而存在。这是建立新的生活方式的基本出发点。要用德性主体的思想重新定位人。德性主体的主要特质是仁。仁既爱人，也爱物；既承认人的价值，也对自然负责。

明 仇英《纺织图》

人，天地之盗也。天地善生，盗之者无禁，惟圣人为能知盗。执其权，用其力，攘其功，而归诸己，非徒发其藏，取其物而已也。庶人不知焉，不能执其权，用其力；而遏其机，逆其气，暴夭其生息，使天地无所施其功，则其出也匮，而盗斯穷矣。故上古之善盗者，莫伏羲、神农氏若也。惇其典，庸其礼，操天地之心以作之君，则既夺其权而执之矣，于是教民以盗其力以为吾用。春而种，秋而收，逐其时而利其生；高而宫，卑而池，水而舟，风而帆，曲取之无遗焉。而天地之生愈滋，庶民之用愈足，故曰惟圣人为能知盗。执其权，用其力，非徒取其物，发其藏而已也，惟天地之善生而后能容焉。非圣人之善盗，而各以其所欲取之，则物尽而藏竭，天地亦无如之何矣。是故天地之盗息，而人之盗起，不极不止也。——《四库全书》

跟韩愈相似，明代刘伯温提出“人是天地的盗贼”。不过，他所谓的“盗”，不是一般的盗窃，而是巧妙地取用自然而仍使自然保持生机，不会为破坏自然付出代价。他指出，人是天地的盗贼。天地善于使万物生长，并不禁止人们盗用自然资源，但只有圣人才知道怎么妥当地盗取自然。圣人能够掌握天地运行的枢纽，利用天地的力量，夺取天地生成的万物为自己所用，而不仅仅是发掘自然的宝藏，获得天生的财物而已。一

荷兰　彼得·勃鲁盖尔《雪中猎者》

般人不懂得这些道理，不能掌握天地的权能、利用天地的力量，结果遏制了天地的机能，悖逆了元气的运行，残暴地扼杀了还在生长中的万物，耗尽了各种宝藏，使天地不能发挥自己的作用，产出匮乏，人也不能再盗用自然了。上古善于为盗的，谁也比不上伏羲、神农氏。他们重视典章制度，发挥礼制的作用，把握和掌控天地之心，夺得天地的权能掌握在自己手中，然后教导百姓盗用天地的力量为自己所用。遵循四季的运行，春种秋收，利于它的生长；在高处修房屋，在低处建池塘；遇水行舟，来风张帆，遍取天地的便利而无所遗漏，天地的物产反而越来越充裕，百姓的用度反而越来越富足，所以说只有圣人才知道如何为盗，这叫作“天地之盗”。刘伯温指出，天地善待各种生命，对于这类索取是能够包容的。相反，如果不采用圣人的方法，而是各自肆意妄夺，自然的物产就会被耗尽，到了这个地步，天地也无能为力了。这叫作“人之盗”。天地之盗消失，人之盗就会兴起，不滑入山穷水尽的极端不会停止。从刘伯温的论述可知，天地之盗是善于和巧妙地运用自然规律为人类服务，人之盗则相反，是违背自然规律，遏制自然的生意。

想一想

1. 人类是自然的害虫吗？人类应如何避免成为自然的害虫？

2. 如何做才是天地之盗，而不是人之盗？

六、“天地与我并生，而万物与我为一”

以上介绍的多是在中国古代哲学中占主流的儒家哲学的观点，以老子、庄子为代表的道家哲学也是中国古代哲学的重要组成部分，他们对待自然的态度也应加以介绍。儒道不同。儒家温暖，道家清凉；温暖者如春，清凉者如秋。人既需要温暖，也需要清凉；既需要一往无前，也需要止步思考，这便是道家存在的意义。道家首要的概念是“道”。道是宇宙万物运行的总过程、总规律，同时还是每一种事物之所以是这一种事物的本根或本体。道因为是总过程，所以难以被全面地说出来，因为能说出来的“总”只是道的某一方面或某一片段。道的名称也是如此。道既然是全体，当然是难以命名的。所有对于道的命名，都只不过是对它的某一方面或某一片段的命名，不能当作道本身的名称来对待。万物开始的时候是没有名称的。有了名称，就可以用它来指称这个或那个事物了，所以名是万物的开始。老子说：“道若被言说，则说出来的就不会是永恒的道。道若被命名，那这样的名称就不会是永恒的名称。天地万物初生时是没有名称的，有了名称，也就可以叫出天地万物了。”道的特点是“自然”。前面讲过，这个“自然”不是自然界，而是自然而然，自己而然。道是总过程，道之外便没有其他东西了。庄子说过一段著名的话：“从道的观点来看，众物谈不上哪个贵，哪个贱。从事物自身来说，它们无不是把自己看得高贵，

道可道，非常道。名可名，非常名。无名，天地之始；有名，万物之母。——《道德经》

把对方看得低贱。从常识来说，事物的贵贱并不取决于事物自身。事物莫不存在差别。若从一物之所以为大的方面来看它，则事物没有不是大的；若从一物之所以为小的方面来看它，则事物没有不是小的。”所以，任何人只要去掉这些相互区别的“成心”，都会得出“道通为一”（“从道来看万物都是一样的”），“天地与我并生，而万物与我为一”（“天地和我是共同存在的，万物和我是一个整体”）的结论。老子的“道法自然”在庄子这里进一步发展为不能人为地干涉自然，保持一切事物的天然状态的思想。“无以人灭天”，就是不要用人为的手段破坏了事物天然的状态。

老庄的观点比较符合非人类中心主义。不过，仍然是儒家的观点比较适中和可行，在逻辑上也更说得通。因为无论是“道通为一”还是非人类中心主义，说到底都是人的认识。庄子的观点泯灭了人的努力的作用，

清　钱与龄《秋风墨藻图卷》

泯灭了人的主体性。虽然西方式的主体是生态危机的根源，但因此就完全否定人，把人等同于物，则未免矫枉过正，走向了另一个极端，过犹不及，并不可取。我们需要做的是重建主体性，树立德性主体、责任主体的观念。人是主体，但不是掠夺自然的主体；应尊重和维护自然，但不能因此就忽略和否定人的努力。尊重自然、维护生态和谐，说到底都是人类的自觉活动，天人合一是人和自然在互动过程中的动态的合一。

> 以道观之，物无贵贱；以物观之，自贵而相贱；以俗观之，贵贱不在己。以差观之，因其所大而大之，则万物莫不大；因其所小而小之，则万物莫不小。——《庄子》

想一想

在你的心目中，哪些事物珍贵，哪些不珍贵？依据的标准是什么？

七、仁是人与天地万物共同的本体

“仁是人与天地万物共同的本体”，这是儒家哲学的核心内容，较难理解，不仅需要调动理性进行逻辑思考，还需要调动情感加以切身体验。

万物包括人为什么会存在？以什么为根基？从哪里开始存在？这些问题思考的是哲学上的“本体”的含义。我们这里融会中西哲学思想，把“本体”定义为决定万物也包括人的存在的最为根本的终极因素。本体是万物之所以为万物的本质、万物肇始的根源、生长的动力，以及人类价值观的依据。万物和人只有一个并且共有这个本体，这也是天人合一的核心意思。

本体具有客观性、普遍性和永恒性。客观是超出人的情感和主观性的。一般来说，涉及人的是主观的，涉及自然的是客观的。但是，本体作为人的本体，并不像高矮胖瘦的体形和或温婉或躁戾的性格那样是属于个人特有的秉性，而是人之所以为人的本质。人之所以为人的本质对任何人都是一样的，所以是客观的。客观的同时也是普遍的。本体是人和物共有的，对于每个人、每个物都是一样的，所以是普遍的。同时，本体也是永恒的，永恒是说它不会改变。如果本体可以变为其他东西，那就不是本体了。

这个本体是什么，从儒家哲学的角度看，是仁，仁是人与天地万物共同的本体。

对于仁，我们并不陌生。孔子讲仁者爱人。仁是情感，表达人与人的关系。《易传》中出现了把仁和天地万物的生长结合起来的趋势。《易传》说“生生之谓易”，“生生”是生而又生，生与生相续；又说“复，其见天地之心”，“复”是一阳来复，生开始主导自然过程。这表明，天地之心是生生。值得注意的是，《易传》还说：“显诸仁，藏诸用，鼓万物而不与圣人同忧。”“显诸仁”，即生生的趋势显现为“仁”。这样，“仁”就有了自然界万物生生的特点，遂超越爱的情感成为天地万物生长的趋势。《礼记》进一步明确了“仁”作为自然的生长性的内涵。《礼记》说，“春作夏长，仁也”。汉代董仲舒提出：“仁，天心。”“天心”是“天地之心”的略称。至此，《论语》线索上的仁和《易传》线索上的生生实现汇

明 仇英《莲溪渔隐图轴》

合，仁和天地之心达到统一，仁具有了天地生物的功能，成为宇宙生化的根源性存在。基于仁的本体含义，仁爱的情感也深化为从本体根源上发出的一种情感，超出了一般情感的非稳定性，具有了本体性和超越性。

但是，仁要上升为本体，还差一步。本体既为最高概念，就不能有与它并置或对立的概念。因为本体概念若不能包含其他概念，就达不到本体的全面性和根本性。仁成为本体，差的就是这一步。

在先秦，表达仁至少有五组坐标。在孔子那里，有仁和义，仁和礼，仁和智、勇，仁和义、礼、智、信四组坐标。其中第三组在《中庸》中被称为“三达德”。在孟子那里，有仁和义、礼、智四端一组坐标。无论在以上哪组坐标中，仁都只是德性的一种，不是全部，不包括义、礼、智、信。既如此，那就说明它只是与这些概念相并置或对立的概念，在思维逻辑上还不是最高概念，不能作为本体。

> 四德之元，犹五常之仁。偏言则一事，专言则包四者。——《近思录》

这个理论难题是由宋明哲学家解决的，其思路是把“仁”提升为最高概念，主张“仁包四德”，义、礼、智、信都只是仁的一个环节。程颢说：“义、礼、知、信皆仁也。”程颐说：“在天地的元亨利贞四种德性中的元，如同仁、义、礼、智、信五常中的仁，单独地讲只是一个方面，总括地讲则包括其他四个方面。”这样仁就成为“本心之全德”“全德之名”，义、礼、智、信则只是仁的一部分内涵。

仁上升为最高概念，在思维过程中是以自然哲学或生态哲学为基础的，在典籍上则是以《易传》为基础的。我们逐层加以说明。

天只是一元之气。春生时，全见是生；到夏长时，也只是这底；到秋来成遂，也只是这底；到冬天藏敛，也只是这底。——《朱子语类》

1. 仁是生意。生意在四季中由春发出，在元亨利贞四德中由元发出。元即春。

2. 观察自然可知，春、夏、秋、冬四季是周而复始未曾中断的。照此推理，则生意也是一直流行，贯穿四季，未曾中断的。冬天的生意原是春天的生意，今年的生意就是去年的生意。朱子说："天不过是一元之气。春天时，它全部表现为生；到夏天生长时，也是这个元气；到秋天成熟时，还是这个元气；到冬天敛藏时，仍是这个元气！"

北宋　郭熙《早春图》

3. 春、夏、秋、冬四季特点各有不同，所以生意在不同季节的表现也有差异。朱子说：“仁在春天是生的意思，在夏天则是通顺的意思，在秋天是成熟的意思，在冬天则是坚固的意思。夏、秋、冬，生意什么时候灭息过！”清代戴震指出：“仁者，生生之德也。”

春为仁，有个生意在，夏则见其有个亨通意在，秋则见其有个成实意在，冬则见其有个贞固意在。夏秋冬，生意何尝息！——《朱子语类》

4. 既然天地的生意由春发出贯穿四季未曾中断，由元发出贯穿亨利贞未曾中断，生意为仁，则仁也未曾间断，贯穿夏、秋、冬以及义、礼、智。所以，仁、义、礼、智就成为仁的特别表现，和仁是统一体。朱子说：“仁，统一地说，是同一个生意，义、礼、智都是仁。”“仁是仁本来的体段，义是仁的断制，礼是仁的不同调节，智是对仁的不同意义的判别。”

综上可知，仁有狭、广两义。狭义的仁与礼、智、信对举，广义的仁则是元亨利贞四德、仁义礼智四端、仁义礼智信五常的统一体，是“全德”“本体”。

5. 仁在人心，是人本心之全德，所以是人的本体。仁作为生意又是天地万物的本体。本体不可能有两个，人的本体和天地万物的本体是同一个本体。程子说：“心譬如谷种，生之性便是仁。”朱子指出：“天地以生养万物为自己的本心，而人和物在出生时都继承了天地的生物之心作为自己的心。说到心的德性，尽管总括统摄无所不包，但一言以蔽之，则不过是仁而已。”这样，在先秦属于两条不同思维线索的生生和仁，经过战国中后期的发展，到汉初达到统一，到宋明时期得到深化，最终完成了本体化的过程。仁由此成为本体、德性主体和儒家生态哲学的基石。

> 天地以生物为心者也，而人物之生，又各得夫天地之心以为心者也。故语心之德，虽其总摄贯通无所不备，然一言以蔽之，则曰仁而已矣。——《仁说》

6. 既然人也是得天地生物之心为己心的，那么，仁、生生之德、人心三者就是一致的，人心的生意与天地的生意贯通，生生之德既是世界的本体，也是人的德性。这是天人合一的核心。理解天人合一，要达到这个深度才算到位。

7. 本体只有一个，是一。但这个一的存在方式比较特殊。一个苹果，甲拥有，乙就不能拥有了。这是具体实物的存在方式。本体虽是一，但它的存在方式是普遍的。人可以秉有，物也可以秉有。秉有也不是人、物各自分割一部分本体，而是全部地秉有。关键在于这个本体能否被激活，发挥作用。物不能全部激活自己的本体。只有人才能够激活自己的本体。当然，同为人，激活的程度又有不同，激活的程度越高，德性和境界越高。

8. 仁作为本体，是真、善、美、如的统一，是天地之心和人心的统一，

元 盛懋《渔樵问答图》

是天地之情和人之情的统一，是德性主体和生态责任的统一，是天和人的统一，这些是中国古代哲学的精要，需要认真体会。

想一想

1. 砖瓦、塑料等人造物有没有生意？

2. 如何体会仁是天地万物的本体？

3. 本体如何能够普遍存在于万物中而不被分割成碎片？本体是可以分割的吗？

第四章

中国古代哲学对待自然整体的不同观点

第四章

导读：人存在于自然界，生活即从与自然互动、利用自然开始。古人通常用“天”来表示自然或与自然相关的事物。“天”的含义很多，有自然界意义的天，有与文明对立的天，有与人为对立的天。“天”的不同含义表示天人关系的不同类型——其实也是人与自然交往的不同方式。这一章介绍中华传统文化中人与自然整体的关系的代表性观点，有“爱人以及物”“制天命而用之”“不以人灭天”“顺物之性”“以物观物”，天人“不相预”与天人“交相胜”“延天佑人”“人定胜天”等各种主张。

引子 程颢如何从鸡雏身上观到仁？

北宋哲学家程颢是一个很有情趣的人。他常常观察鸡雏，体会什么是仁，这叫作“鸡雏观仁”。仁竟然可以通过肉眼来观吗？

一、“爱人以及物”：仁心关爱的对象是全部世界

道德共同体是生态哲学的概念，指应该用道德的态度对待的对象是什么，范围有多大。由前文的论述可知，在中华传统文化中，生态主体即德性主体，即仁、人心、仁心。仁是心的本体，可以叫“仁心”“仁体”。道德共同体的范围也就是仁心对待的对象的范围。

在西方文化中，唯独人是道德关怀的对象，动物不是，植物也不是。古希腊大哲学家亚里士多德说过，植物活着是为了动物，动物活着是为了人类。近代德国著名哲学家康德也说过，只有人才是主体，是目的；人对于动物没有直接的道德义务。但是，中国古代哲学并不这么认为。在中华传统文化中，道德共同体的范围包括天地万物，这叫“仁者浑然与物同体”“与天地万物为一体”。

直到现在，我们对于自己的历史和文化传统还没有形成客观、同情和礼敬的态度，缺乏应有的尊重、温情和敬意。不少人仍令人遗憾地把仁、义、礼、智、信当作束缚甚至戕害人性的封建道德来对待。毋庸讳言，道德规范当然有维持社会秩序稳定的一面，因而显得保守，但其中也包含超越时空、维系民族团结和统一的永恒性内容。我们要善于认识传统道德的永恒性和超越性。

关于仁，前文说明了其作为人与自然的本体的主客统一的含义，接

下来我们讲讲仁的主观感受。仁不是冰冷、呆板、乏味、无趣的清规戒律，而是温暖、柔软、鲜活、灵动的一团和气。仁给人生生不息、生命跃动、其乐融融、如沐春风的感觉。程颢的人格气象，就有仁的特点。程颢有个弟子叫朱公掞，到汝州向程颢问学一个月，别人问他有何收获，他说自己如同在春风里坐了一个月。这就是成语“如沐春风”的来源。春风是仁的气象和人格魅力的熏染与感召。引子讲到程颢“鸡雏观仁”的故事，仁可以观，这可能是大家未曾想到的。幼小的鸡雏生机盎然，充满趣味，活泼，毛茸茸的，抚摸起来有一种柔软的、温暖的感觉，能够融化人心中的坚硬，激发人满腔的柔情和抚育它生长的爱意。温暖柔软的爱意就是仁。仁源自人心，呈现于鸡雏，融化为人的修养气象。这是“鸡雏观仁”的多层意蕴。

近现代　齐白石《鸡雏图》

朱公掞见明道于汝州，逾月而归。语人曰："光庭在春风中坐了一月。"——《二程集》

程颢还养过数尾小鱼，观察鱼儿自由自在、自得地游动的样子，体会自然的生机。周敦颐"绿满窗前草不除"，他认为郁郁葱葱的窗前绿草表现了天地的生意和生机，和自己内心的生意是一样的。所以，宋代哲学家有一个共识，就是把天地万物生生不息的生命力看作仁，提出"仁是生意"的观点。中国古代哲学认为，万物都是由气构成的，从气上看，仁是春风拂面、一团和气。总之，仁的内涵，愈体会愈感丰富，愈品味愈耐回味。接下来谈谈仁的道德共同体的范围在历史上的扩展。

从历史上看，仁心对待的范围有一个从人到物，再到"与天地万物为一体"的发展过程。

孟子曰："君子之于物也，爱之而弗仁；于民也，仁之而弗亲。亲亲而仁民，仁民而爱物。"——《孟子》

孔子在《论语》中说仁者"爱人"。仁是积极宜人的道德情感，具有普遍性，可以作为人与人相处的原则推广到全人类。相反，仇恨则不能作为普遍的道德原则推广。孟子进一步把仁和物联系起来，提出亲亲、仁民、爱物。他说："君子对于万物是爱惜的，但还不是仁慈地对待它们；

> 质于爱民，以下至于鸟兽昆虫莫不爱。不爱，奚足谓仁？——《春秋繁露》

对于百姓是仁爱的，但还谈不上亲近他们。君子亲近自己的亲人，仁爱百姓，爱惜万物。”孟子这段话表达了儒家爱有差等的爱人及物思想。董仲舒给汉武帝上“天人三策”，提倡尊崇六艺之道与孔子之术，推动汉武帝“罢黜百家，表章六经”，奠定了中华民族作为一个统一的多民族国家长久地屹立于世界的思想基础。这是他的重要历史功绩。当然，这一主张也有妨碍思想自由的消极因素。不过，长期以来把他的主张误解为“罢黜百家，独尊儒术”而进行批判，忽略其中的积极意义，也是极为不妥的。董仲舒明确地把仁扩展到爱天地万物。他说：“实实在在地

清　永瑢《平安如意图》

明 汪中《得趣在人册》(十二开之一)

爱护百姓，以下至于鸟兽昆虫无不关爱。不爱，怎能够叫作仁?”这就把动物放到道德关怀的范围中了。

比董仲舒更进一步的是郑玄，他提出：“仁，爱人以及物。”“物”在中国古代哲学中外延最广，包括世界的一切。所以，“爱人以及物”的范围包括全部外部世界。需要注意的是，不能把“爱人以及物”理解为爱人和物，“以”是“由此”，“及”是“推及”，“爱人以及物”是由爱人进一步推及爱万物，包含差等之爱及其扩展。韩愈提出“博爱之谓仁”，张载

民吾同胞，物吾与也。——《西铭》

主张“百姓是我的同胞，万物是我的朋友”。《宋史》提出：“苍天覆盖之下，大地承载之上，中间的一切，没有一名百姓，没有一件事物不得到仁德的恩泽，实现自己的本性。”这是古代政治的重要内容，可视为仁的共同体遍及天地万物的一个注脚。

> 盈覆载之间，无一民一物不被（pī）是道之泽，以遂其性。——《宋史》

想一想

体会一下自己对于自然是不是有关爱的时刻，那时候自己是一种什么样的心境？

二、“制天命而用之”：荀子的进取型天人关系论

人类要生存，毕竟是要和自然打交道，利用自然的。荀子提出了一个思路，叫作“明于天人之分”“制天命而用之”。“明”是深刻地领会、领悟、把握。“天”是大自然，“分”读四声，职分。“天人之分”讲的是天和人不同的职责。荀子说：“天道的运行有一定的规律，不会因为圣人尧当政就存在，也不会因为暴君桀统治就消失。应对得当就会国泰民安，失当就会遭遇灾祸。一个国家若加强农业生产而又节约消费支出，那么天也不可能使它陷入贫穷；若生活资料充足而又能顺应天时安排生产，那么天也不可能使它陷入困境；若遵循自然规律而不出差错，那么天也不可能给它降下灾祸。在这种情况下，即使遭遇了洪涝干旱灾害，人民也不会陷入饥荒；即使发生了酷暑严寒，百姓也不会罹患疾病；即使自然出现了反常现象，群众也不会遭受灾难。相反，一个国家如果农业荒废而又浪费奢侈，那么上天也不可能使它富裕；如果生活资料匮乏而又怠于生产，那么上天也不可能保全它；如果违背规律而胡乱行动，那么上天也不可能使它国泰民安。这样治理，洪涝干旱还没有发生，国家就已经陷入饥荒；严寒酷暑还没有到来，国家就已经爆发疾病；反常的自然现象还没有出现，国家就已经遭遇灾祸。所处的自然条件和良治善政时期并无二致，遭不遭遇灾祸却大相径庭。”这究竟是为什么呢？荀子认为：

“这不能抱怨上天，这是采取的社会治理措施不同造成的。应对不同，结果便异，天道本来如此。所以，明白天和人的不同职分，才可以称得上是圣人。”

天行有常，不为尧存，不为桀亡。应之以治则吉，应之以乱则凶。强本而节用，则天不能贫；养备而动时，则天不能病；修道而不贰，则天不能祸。故水旱不能使之饥渴，寒暑不能使之疾，袄怪不能使之凶。本荒而用侈，则天不能使之富；养略而动罕，则天不能使之全；倍道而妄行，则天不能使之吉。故水旱未至而饥，寒暑未薄而疾，袄怪未至而凶。受时与治世同，而殃祸与治世异，不可以怨天，其道然也。故明于天人之分，则可谓至人矣。——《荀子》

荀子强调人（主要是统治者）的主动性，主张用正确的社会治理措施应对自然，包括应对自然条件的不足甚至灾难，“制天命而用之”，把握和利用自然规律为人服务。他说：“与其赞美和仰慕天的伟大，不如把它作为物来对待、控制！与其一味地顺从天歌颂天，不如掌控天道运行规律，用它来为人服务！与其盼望和等待时令带来收成，不如适应时令的变化而利用它！与其消极地等待万物自然增加，不如发挥人的能力促进它们的生长发育！只是空想着万物为自己所用，不如恰当地治理万物，使它们发挥作用！与其仰慕万物的生长，不如更好地促进它们的生长！所以，放弃人的努力而寄希望于物的自我生长，那就没有真正地理解和掌握万物本来的规律。”

大天而思之，孰与物畜而制之！从天而颂之，孰与制天命而用之！望时而待之，孰与应时而使之！因物而多之，孰与骋能而化之！思物而物之，孰与理物而勿失之也！愿于物之所以生，孰与有物之所以成！故错人而思天，则失万物之情。——《荀子》

荀子进一步提出了处理人与自然关系的原则——“参”——国家治理的政治实践，内涵包括善待自然，合理利用资源，让百姓获得稳定的生活来源，等等。他说：“天所拥有的是四时季节的运行变化，地所拥有的

意大利　安布罗乔·洛伦采蒂《好政府对城市的作用》

是各种物产财富，人所拥有的是政治治理，这就是‘参’。人若放弃治理实践，而一味地羡慕天地所拥有的，那就很糊涂了。”

> 天有其时，地有其财，人有其治，夫是之谓能参。舍其所以参，而愿其所参，则惑矣。——《荀子》

荀子把理想的国家治理叫作“王制”，孟子则称之为“王道”或“仁政”，二者的具体内容近似，我们取一段荀子的话加以说明。“圣王的制度是这样的：草木正在开花成长的时候，不准进山砍伐林木，这是为了不夭折林木的生命，不断绝它们的生长；鼋、鼍、鱼、鳖、泥鳅、鳝鱼等怀孕产卵的时候，不准在沼泽池塘撒网投毒，这是为了不夭折水生物的生命，不断绝它们的生长；春天耕种、夏天锄草、秋天收获、冬天储藏四件事都按照节令进行，五谷的生长就不会断绝，百姓的粮食就吃不完；池塘、水潭、河流、湖泊，严格按照时限规定捕捞，鱼、鳖水产就会丰饶繁多，百姓的用度就会绰绰有余；树木的砍伐与培育养护都不错过时限，山丘就不会变成濯濯童山，百姓用的木材就会取之不尽。”

荀子强调人的作用，可以说是天人关系中的积极派、进取派。

圣王之制也：草木荣华滋硕之时，则斧斤不入山林，不夭其生，不绝其长也；鼋鼍、鱼鳖、鳅鳣（shàn）孕别之时，罔罟（gǔ）毒药不入泽，不夭其生，不绝其长也；春耕、夏耘、秋收、冬藏四者不失时，故五谷不绝，而百姓有余食也；污池、渊沼、川泽谨其时禁，故鱼鳖优多，而百姓有余用也；斩伐养长不失其时，故山林不童，而百姓有余材也。——《荀子》

想一想

如何从天人关系的角度评价都江堰以及南方的山间梯田？

元　钱选《幽居图》

三、“孰知正味”：庄子的冷峻型天人关系论

与荀子的观点相对立的是庄子的“无以人灭天”。前面讲过，在庄子那里，“天”是事物的天然状态，“人”是对这种状态的人为改造。庄子认为天然是事物的最好状态，不可人为地改造，所以荀子批评他“蔽于天而不知人”。不过，庄子的长处恰恰在于超越人的视角，从物的视角看问题。这有利于我们开阔心胸思考生态问题。接下来，我们选几个《庄子》中的故事，看看中国古代哲学是如何站在物的立场上思考天人关系的。

第一个故事是“孰知正味”。其中说：“人睡在潮湿的地方会受凉得腰病半身不遂，泥鳅也会吗？人住在树上会战栗恐惧，猿猴也会吗？这三样动物，哪个算是知道正确的住处呢？人吃猪牛羊肉，麋鹿吃草，蜈蚣喜欢吃蛇，猫头鹰、乌鸦嗜吃老鼠，这几种动物，哪一种算得上知道真正的美味呢？猿猴把猵狙当作雌偶，麋和鹿交配，鳅和鱼同游。毛嫱、丽姬是我们心目中的美女，可是鱼儿见了她们深游，鸟见了她们高飞，麋鹿见了她们逃窜。这几种动物，哪一种说得上知道真正的美色呢？”可见，每种动物都有适合自己的住处、口味、审美，不同的主体有不同的“正”，并不存在统一的“正处”“正味”“正色”。这就跳出了人的视角转换成了动物的视角。庄子认为，人也是动物的一种，动物

南宋　许迪《野蔬草虫图》

的视角和人的视角是平等的。这可谓庄子“齐物”之一例。每一种动物都有自己的“正”，每一种“正”都有其适用的范围，超出这个范围就未必“正”了。人往往认识不到这一点，以自己的“正”校正甚至代替动物的“正”、外物的“正”，结果是给自然带来灾害。这是庄子给我们的提示和警醒。

民湿寝则腰疾偏死，鳅然乎哉？木处则惴栗恂（xún）惧，猿猴然乎哉？三者孰知正处？民食刍豢（chúhuàn），麋鹿食荐，蝍蛆（jíjū）甘带，鸱鸦耆鼠，四者孰知正味？猨猵狙以为雌，麋与鹿交，鳅与鱼游。毛嫱丽姬，人之所美也；鱼见之深入，鸟见之高飞，麋鹿见之决骤，四者孰知天下之正色哉？——《庄子》

为了增加对庄子的深刻用意的理解，我们再来看一个“以己养养鸟”，而不是“以鸟养养鸟”的故事。这个故事说：“从前，有一只海鸟停留在鲁国国都的郊区。鲁侯把它迎进太庙，给它喝酒、吃牛羊猪肉，还给它奏音乐《九韶》听，想让它高兴。可是，鸟儿头晕目眩，悲伤不止，一块肉也不敢吃，一杯酒也不敢喝，三天就死了。”庄子认为，“这是用奉养自己的方法来养鸟，而不是用养鸟的方法来养鸟。如果用养鸟的方法养鸟，那就应该把它放出去，让它栖息在深林中，漫步在沙滩上，浮游在水面上，啄食泥鳅小鱼，混在鸟群里走走停停，自由自在地生活。”庄子认为，鸟的天性、本性或本真是自由自在地生活在天地间，而不是被圈在牢笼里，吃些人吃的东西。

昔者海鸟止于鲁郊，鲁侯御而觞之于庙，奏《九韶》以为乐，具太牢以为膳。鸟乃眩视忧悲，不敢食一脔，不敢饮一杯，三日而死。此以己养养鸟也，非以鸟养养鸟也。夫以鸟养养鸟者，宜栖之深林，游之坛陆，浮之江湖，食之鳅鲦（tiáo），随行列而止，委蛇而处。——《庄子》

“野鸡在水泽中，走十步才能叨上一口，走百步才能喝上一口，但它仍不期望被人畜养在笼子里。在笼子里生活虽然可以吃喝不愁，精力旺盛，可是对于它未必是好事。”因为失去了自在和自由，也就失去了本性。本性就是“天”，如果有人为的因素加进鸟兽的生活，那就是“人”了，是与“天”相矛盾的。庄子提倡“无以人灭天”。他还提出“不以心捐道，不以人助天”的观点，即“不盲信自己的心智而放弃道的指

南宋 佚名《驯禽俯啄图》

引，不要用人为的作用辅助天然的状态。”因为人为的作用和天然的状态是相互冲突的，人为掺杂，一定会毁灭天然事物。关于天然事物的毁灭，庄子还讲了一个有趣的寓言故事“浑沌之死”。他说：“南海的帝王叫‘倏’，北海的帝王叫‘忽’，中央的帝王叫‘浑沌’。倏与忽常常在浑沌那里相会，得到了很好的招待。倏与忽就商量报答浑沌的情谊。他们说：‘人都有七窍，可以观看、聆听、吃喝、呼吸，浑沌却没有，我们给他凿开七窍吧。’他们一天凿一窍，凿到第七天，浑沌死了。”浑沌为什么会死？因为凿窍破坏了他的天然，是“人”消灭了“天”，人“僭越”了。受庄子思想的影响，唐朝的柳宗元、刘禹锡，北宋的邵雍对天人关系都有一些与其他儒家学者不太相同的认识。

南海之帝为倏，北海之帝为忽，中央之帝为浑沌。倏与忽时相与遇于浑沌之地，浑沌待之甚善。倏与忽谋报浑沌之德，曰:“人皆有七窍以视听食息，此独无有，尝试凿之。”日凿一窍，七日而浑沌死。——《庄子》

想一想

如何判断一个事物的“天”？

清 华喦《桃花鸳鸯图》

四、“顺物之性”：柳宗元、邵雍的冷静型天人关系论

庄子的天人观是冷峻的、清凉的，柳宗元、邵雍等人的天人观则是冷静的。柳、邵都是儒家，却有这样的天人观，明显是受道家思想影响的结果。

柳宗元强调，“天”是自然界固有的趋势、特点，事物各有其“天”；人必须遵循自然界的“天”去处理事物，如种树就要“顺应树木的天然，实现其本性”。他在《种树郭橐（tuó）驼传》中说，郭橐驼以种树为业。大凡长安城里建造园林的富贵人家以及卖水果的人家，莫不争着雇佣他。他种植或移栽的树，没有不成活的；而且树木枝繁叶茂，壮硕高大，挂果早，果实累累。其他园丁即便偷看模仿，终究还是比不上他。有人问他其中的道理。他说：“我并不能特别地使树木繁茂生长，只不过顺应树木天生、天然的特点，让树木按照它的本性生长罢了。树木的天性要求栽种时根要舒展，培土要平；要用原土，踩得密实；做到这些后就不要再动它，不必再操心了，扬长而去，不管不顾即可。栽培时要像抚养孩子一样细心，栽完后要像丢弃它一样放在一边，这样才能保全树木天然的特点，让它按照自己的本性生长。我只是不妨碍树木生长而已，并不是额外有能力让树木茂盛；只是不折腾消耗它结果实而已，并不是额外有能力让树木挂果又早又多。别的人却不是这样的。他们栽树时树根拳曲

着，摆得不舒展，又换了生土；培土不是太实，就是太松。也有人不是这样粗心，却是爱树恩情太过，忧树思虑太勤；早上看，晚上摸，虽已离开，却还放心不下，又回来看；甚至掐树皮看它是不是还活着，摇树干看栽得松了还是紧了，导致树木越来越失去它的本性。这样种树，说是爱树，其实是害树；说是操心树，其实是仇恨树。所以他们比不上我，其实我又能做什么呢!”

（郭橐）驼业种树，凡长安豪富人为观游及卖果者，皆争迎取养。视驼所种树，或移徙，无不活，且硕茂早实以蕃。他植者虽窥伺效慕，莫能如也。

有问之，对曰：“橐驼非能使木寿且孳也，能顺木之天，以致其性焉尔。凡植木之性，其本欲舒，其培欲平，其土欲故，其筑欲密。既然已，勿动勿虑，去不复顾。其莳也若子，其置也若弃，则其天者全而其性得矣。故吾不害其长而已，非有能硕茂之也；不抑耗其实而已，非有能早而蕃之也。他植者则不然。根拳而土易，其培之也，若不过焉则不及。苟有能反是者，则又爱之太恩，忧之太勤。旦视而暮抚，已去而复顾。甚者，爪其肤以验其生枯，摇其本以观其疏密，而木之性日以离矣。虽曰爱之，其实害之；虽曰忧之，其实仇之；故不我若也。吾又何能为哉！”——《种树郭橐驼传》

北宋 惠崇《沙汀烟树图》

柳宗元所说的“天”是道，是符合树木天生特点的环境、规律和做法，“性”则是树木的本性。“顺木之天，以致其性”，就是遵从树木生长的规律，促进树木按它的本性生长。“虽小道，必有可观者焉。”种树算不得大事，却包含着尊重事物的天性的道理。道理就是遵循规律，规律是行为的依据。郭橐驼是掌握了种树规律的人。他种树真可谓“以树种树”，适度作为，无过不及，和庄子的“以鸟养养鸟”一样，都有跳出人的视角，从物的视角看问题的特点。

邵雍进一步把这个道理总结为“以物观物”。他指出：“所谓观物，不是以目观，而是以心观；不是以心观，而是通过事物的道理来观。天下的事物，没有没道理的，没有没本性的，没有没命运的。事物的道理，可以通过彻底的研究来认识；事物的本性，可以通过让它实现来认识；

事物的命限，可以通过让它达到来认识。这三种认识是天下真正的认识，圣人知道的也不过是这些而已……圣人之所以能够统揽万物，把握万物的实际情况，就在于能够反观；圣人之所以能够反观，乃是因为不从我出发来观物。不从我出发来观物，而从物出发来观物，这样又怎么会有我夹杂在物中呢？”

夫所以谓之观物者，非以目观之也。非观之以目，而观之以心也；非观之以心，而观之以理也。天下之物，莫不有理焉，莫不有性焉，莫不有命焉。所以谓之理者，穷之而后可知也；所以谓之性者，尽之而后可知也；所以谓之命者，至之而后可知也。此三知也，天下之真知也，虽圣人无以过之也。……圣人所以能一万物之情者，谓其能反观也。所以谓之反观者，不以我观物也。不以我观者，以物观物之谓也，既能以物观物，又安有我于其间邪？——《皇极经世》

在现代哲学中，“观”即观察，是认识事物的开始阶段，是一个“认识论”概念。邵雍的“观”，不仅是观察，还包括体会和同情。“以物观物”就是要体会物的特点，照它的本真来对待它，让它呈现自己的本真，实现自己的本性，完成自己的命运。这就不只是认识论了，还是世界观，即关于人和外部世界的关系、天人关系的思想。邵雍说：“学不际天人，不足以谓之学。”以物观物，可谓他的天人之际观。他又说：“学不至于乐，不可谓之学。”邵雍强调通过观物获得一种快乐，可谓对自然的美的体味。

北宋　赵佶《听琴图》

五、天人“不相预”与“交相胜”：韩愈、柳宗元、刘禹锡对天人关系的讨论

前文说过，韩愈提出，元气、阴阳坏而人生；要说为祸于天地，没有哪个物种比人更加过分了，所以他主张天对人应赏其功，罚其过。柳宗元不同意这种观点，指出“天与人不会相互干预”。他说：“头顶上深青色的是天，脚底下黄色的是地，浑浑然处于中间的是元气。天地就像瓜果一样，元气就像脓疮一样，阴阳就像草木一样，它们怎能赏功罚过？”“丰收与灾荒，都是天的作用；法制与混乱，都是人的行为。二者应该区分开，二者之间并不相互影响和干扰。”总之，天是自然现象，属于自然；法制是社会现象，属于人，二者本质不同，不存在直接的因果联系。刘

> 彼上而玄者，世谓之天；下而黄者，世谓之地；浑然而中处者，世谓之元气；寒而暑者，世谓之阴阳。……天地，大果蓏（luǒ）也；元气，大痈痔也；阴阳，大草木也，其乌能赏功而罚祸乎？——《天说》

生植与灾荒，皆天也；法制与悖乱，皆人也。二之而已，其事各行不相预。——《天说》

禹锡认为，柳宗元没有把天人关系说透，天和人不是两条独立的平行线，二者之间存在“交相胜”的关系。他说：“一切有形的东西，都有它做得到的方面和做不到的方面。天是有形之物中最大的，人是动物之中最优异的。天能做到的，人固然有做不到的；人能做到的，天也有做不到的。所以，天和人各有长处，各在自己的长处方面胜过对方。天道的内容是生养万物，作用是使万物或强大或弱小；人道的内容是制定法律制度，作用是明辨是非。阳气帮助万物生长，阴气摧残它们。水火伤害万物，木材坚实，金属锋利；人壮年雄健，老而衰弱；气势强的人成为君主，力量大的人为首领。这些都是天的作用。春夏阳气起来的时候栽种，秋冬阴气起来的时候收获；修堤防水，洒水救火；砍树凿木，冶炼矿石，磨砺刀刃；用道义制裁强悍，用礼仪区别长幼；尊重贤能，崇尚功德，建立道德原则防止奸邪。这些都是人能做的。”

刘禹锡以上所说表明，“天”有两层含义，一是春生夏长的自然界，一是自然界自己而然的天然状态，类似英国哲学家霍布斯所说的自然状态。“人”则是人所设立的法制礼仪等社会制度规则。“天”不仅指自然界，也指人类社会的自然状态。天人“交相胜”，不是人类战胜自然界或者自然界战胜人类，而是自然界和人类各自在自己所长的方面强过对

大凡入形器者，皆有能有不能。天，有形之大者也；人，动物之尤者也。天之能，人固不能也；人之能，天亦有所不能也。故余曰：天与人交相胜耳。其说曰：天之道在生植，其用在强弱；人之道在法制，其用在是非。阳而阜生，阴而肃杀；水火伤物，木坚金利；壮而武健，老而耗眊（mào），气雄相君，力雄相长：天之能也。阳而蓺树，阴而揫敛；防害用濡，禁焚用洒；斩材窾坚，液矿硎铓（xíng máng）；义制强讦，礼分长幼；右贤尚功，建极闲邪，人之能也。——《天论》

元　黄公望《富春山居图》(局部)

方，就社会来说是道德状态胜过野蛮状态。这就为天和人各自的职能划分了范围。刘禹锡对“天”的认识超出了自然界的范围，认为“天”不仅是自然界的趋势，而且人事中也有“天”，即强胜弱败的非道德、非法治状态。庄子曾说“天与人不相胜也，是之谓真人”，要求人不与自然界和事物的天然状态为敌。刘禹锡的“人胜天”，不是人战胜自然界，而是克服自然状态的混乱无法治局面。

想一想

人在哪些方面胜过天？

六、“延天佑人”与“人定胜天”：如何弥补自然的不足？

天地以顺动，故日月不过，而四时不忒。——《易传》

我们接着刘禹锡讲。专就天作为自然界来说，人在哪些方面可以胜过天？特别明显的应是在应对自然界的不足与灾害方面吧。天地可谓最公正无私了。《礼记》说“天无私覆，地无私载，日月无私照”，可它仍然有让人不能满足的地方。洪涝旱灾、地震山崩常有发生，祥风时雨、五谷丰登累年不一遇。《中庸》说：“天地之大，人犹有所憾焉。”“憾”就是遗憾，天地也不能尽如人愿。《易传》说：“天地的运行是平稳的，所以，日月不会错位，四季无有差失。”这里所说，也只能是天地运行的总体趋势，并不能保证年年岁岁风调雨顺、天地交泰。人也不可能都居住在膏腴甘露之地、物阜年丰之乡。尧遇九年之涝，汤遭七年之旱。愚公所居，高山阻隔。豫州、冀州，大河横断。面对自然的不足，古人的态度是什么呢？是厚德载物，自强不息。厚德载物表现为顺应自然的规律，自强不息表现为不屈服于自然的限制，克服自然条件的局限和自然灾害的困扰。厚德载物是基础，自强不息是基调。人不能违背或对抗自然规律，只勘天役物而不厚德载物，否则就会导致灾难，人类早已不存在了。但人也不能被动地匍匐于自然的威力之下而不知所措，甚至坐以待毙而不自强不息，否则人类同样也不存在了。如何正确对待自然？道理恐怕就是既要厚德载物，又要自强不息。人应该积极地作为，同时，人的一切行为也都应以遵循自然规律为基础。如何战胜自然的不足与灾害？古人有两个说法，一个是“延天佑人”，一个是“人定胜天”。前者多为改善与补充自然条件，后者多为与自然灾害抗争。

> 圣人与人为徒，与天通理。与人为徒，仁不遗遐；与天通理，知不昧初。将延天以佑人于既生之余，而易由此焉而兴。——《周易外传》

“延天佑人”是明清之际的哲学家王夫之提出的。他说：“圣人与众人结合成社会，通晓天理。与众人结成社会，所以即使是在遥远地方的人们，也不会被圣人的仁心所遗忘；通晓天理，所以圣人的理智不会违背自己天赋的本性。圣人顺着天的性能来帮助人们生活，《周易》也就是为这个目的而创立的。”“延”指沿着或顺着天道固有的规律或进程加以扩展，“佑”是帮助。“延天佑人”即遵循天道的本性来延展或增强天的功能，从而帮助人。

高高下下，疏川导滞。——《国语》

禹敷土，随山刊木，奠高山大川。——《禹贡》

清 谢遂《仿唐人大禹治水图》

中国古代神话故事和历史记载大都属于自强不息、延天佑人型的。“天行健，君子以自强不息”，就是要发挥人的主观能动性，创造有利的生态环境条件。这种创造是顺着自然运行的规律本身，因势利导，顺势而为，所以叫作“延天”，即补充自然（天）的不足。禹的父亲鲧治水采取的是湮的办法，相当于修堤筑坝堵水。但修坝的速度赶不上水涨的速度，最后堤坝溃决，洪水滔天，人为鱼鳖。大禹治水，导而不湮，适应“水曰润下”的特点，高处加高，低处挖低，疏浚河道，引导积滞的洪水流向大海。《禹贡》说："禹垫高了土地，随着山势砍木通路，安定了各州的高山大河。"大禹治水的方法，也被称为"无为"。《孟子》中就赞扬说"禹之行水也，行其所无事也"，"无事"正是老子《道德经》中"无为"的一个含义。老子要求"无为而无不为"，无为不是"不作为"，而是换一种方法，巧妙地顺势而为，是善为。

往古之时，四极废，九州裂，天不兼覆，地不周载。火爁（lǎn）炎而不灭，水浩洋而不息。猛兽食颛（zhuān）民，鸷（zhì）鸟攫老弱。于是，女娲炼五色石以补苍天，断鳌足以立四极，杀黑龙以济冀州，积芦灰以止淫水。苍天补，四极正，淫水涸，冀州平，狡虫死，颛民生。——《淮南子》

神话《女娲补天》《精卫填海》《愚公移山》《夸父逐日》都有自强不息、延天佑人的内涵。《女娲补天》讲述的是，很久以前，大地四角支撑苍天的四根擎天柱断了，中国境内九州大地都溃裂了，天漏了，不能覆盖全部大地；地陷了，不能承载万物。烈火熊熊，燃烧不止；洪水滔滔，漫无止息。猛兽残食善良的人们，凶禽捕抓老弱的百姓。于是，女娲烧炼五色石头修补苍天，砍断巨龟的四足立在大地的四角支撑苍天，斩杀黑龙来安定冀州，堆积芦灰堵水。苍天得到修补，四极恢复方正，洪水完全消退，冀州重归平安，凶残的禽兽被猎杀，善良的百姓从此过上安定的生活。

自古以来，我国不少水利工程都是延天佑人的典范，如秦国李冰父子修建的都江堰，连接漓江和湘江的灵渠，秦国修建的白渠、郑国渠，以及现代河南的红旗渠，都是巧妙地利用自然条件，为人类带来福祉的杰作。

昔者，汤克夏而正天下。天大旱，五年不收。汤乃以身祷于桑林……用祈福于上帝，民乃甚说，雨乃大至。——《吕氏春秋》

对“人定胜天”这个词我们不陌生。曾经有段时间，我们把它作为改造自然、战胜自然的口号广为传播。其实这只能算现代人赋予它的含义，并非历史上的含义。“人定胜天”在古代有两个方面的应用，一是军事，一是抵御灾害。《逸周书·文传》有“兵强胜人，人强胜天”，是说兵力强了可以战胜敌人，人心强了能够胜过天，这里的“天”是天时、天意或不利的天然条件，并非自然界。《史记·伍子胥传》中，申包胥派人对伍子胥说:“吾闻之，人众者胜天，天定亦能破人。”这里的“天”是天意，仍非自然界或大自然。

“人定胜天”用在抵御灾害上，是指政府治理国家的政治举措可以抵消或弥补自然灾害带来的损失，渡过难关，而不是在改造自然界的意义上战胜自然界。古代中国水旱之灾频仍。大禹治水的故事家喻户晓，汤祷桑林的典故则知者不多。据说商汤灭夏后即遭遇五年（一说是七年）的旱灾，没有收成。商汤于是把自己捆绑起来，到桑林向上天祷告祈雨。老百姓感到很高兴，上天终于降下了大雨。关于洪水和干旱，前人多有论

北宋　赵佶《溪山秋色图》

及。《亢仓子》说："洪水干旱是天决定的，社会治乱是人决定的。如果人事合乎道理，那么，纵然有涝旱灾害，也不会给社会造成危害，尧汤时期就是这样的。所以，周代的《秩官》说：'人强胜天。'"可见，"胜天"是以德政抵消自然灾害给社会带来的危害，而不是改造山河大地，控制自然界。这是传统文化中"人定胜天"的基本含义。可以说，传统文化一直是把统治者的道德、治理社会的德政作为抵御自然灾害的措施或手段的。

水旱由天，理乱由人。若人事和理，虽有水旱，无能为害，尧汤是也。故周之《秩官》云："人强胜天。"——《亢仓子》

白居易在《辨水旱之灾，明存救之术》中说："唐尧时洪水横行了九年，商汤时干旱肆虐了七年……这大概是自然运行的必然性，也是我所说的

无法凭运气消除的灾难。然而，圣人虽然不能消除灾害，但能抵御灾害；虽不能违背天时，但能辅助天时。措施在于仓库里储备足够的粮食，素常对百姓恩惠有加。粮食储备足，纵然遭遇灾荒，百姓也不会因挨饿而面带菜色；用恩信稳定人心，即便处在患难时刻，百姓也不会离心离德。……这样，纵然阴阳运行的定数无法改变，但水旱之灾并不能带来灾难。‘人强胜天’，也就是这个意思。”

唐尧九载之水，殷汤七年之旱，……盖阴阳之定数矣。此臣所谓由运不可迁之灾也。然则圣人不能迁灾，能御灾也；不能违时，能辅时也。将在乎廪积有常，仁惠有素。备之以储蓄，虽凶荒而人无菜色；固之以恩信，虽患难而人无离心。……夫如是，则虽阴阳之数不可迁，而水旱之灾不能害，故曰人强胜天，盖是谓矣。——《辨水旱之灾，明存救之术》

明末清初　程正揆《江山卧游图》

是故尧有水，汤有旱，天地之道适然尔，尧汤奈何哉？天定胜人者，此也。尧尽治水之政，虽九年之波，而民罔鱼鳖；汤修救荒之政，虽七年之亢，而野无饿殍，人定亦能胜天者，此也，水旱何为乎哉！故国家之有灾沴，要之君臣德政足以胜之，上也。——《慎言》

明代王廷相说："尧遇洪涝，汤遭干旱，都不过是天地之道恰好运行到这一步罢了，尧、汤能有什么办法？这就是所谓'天定胜人'。但尧致力于治水之政，洪水横流了九年，老百姓也没变成鱼鳖；汤推行救荒之政，干旱肆虐了七年，路上也没有饿死之人的尸骨。这就是人定也能够胜过天。水旱又能怎样呢？所以，国家有灾难，君臣用德政就足以战胜它。这是最好的情况。"

想一想

面对传染性非典型肺炎、新型冠状病毒、未来可能出现的其他疾病，或者某种地质灾害，我们能够做的是什么？

第五章

中华生态智慧的主流是『为天地立心』

第五章

导读：本章接上一章，继续讲解对待自然总体的态度。因为主要是讨论儒家，内容又多，所以单独列为一章。在中华传统文化中，要论对于自然的温暖负责、中正可行的态度，还得数孔子、曾子、子思、孟子、周敦颐、张载、程颐、程颢、朱子、陆九渊、王阳明诸人。温暖是仁的感觉，仁是参天地，赞化育，“浑然与物同体”。儒释道三家，儒家为主流；孔、曾、思、孟、周、张、二程、朱、陆、阳明又是儒家不同时期的代表人物，可谓中华优秀传统文化主流中的主流。

引子 王阳明是怎么回答弟子对“与天地万物为一体”的质疑的？

程颢、王阳明都主张人与天地万物是一体的。可是，王阳明的弟子就曾问他，自己的身体因为有血气贯通，所以是一个整体。自己跟他人已经是不同的身体了，跟鸟兽草木差得就更远了，怎么能说是一体的呢？这个问题，王阳明会怎么回答呢？

一、“三尽之性”与“参赞化育”：人对自然的生态责任

前文屡加引用的《中庸》，据传是孔子的孙子子思写的。这篇文献可谓中华生态智慧的圭臬，无论怎么重视都不会过分。其中提出的“诚者天道”“生物不测”“三尽之性”“参赞化育”“性合外内”“成己成物”等观点，正在逐渐成为当代世界生态哲学的原则。事实上，当代生态哲学中的一个流派——深层生态学（Deep Ecology）的“自我实现”原则，就是受《中庸》的启发而提出的。“诚者天道”“生物不测”已经讲过，下面着重讲讲“三尽之性”和“参赞化育”。

《中庸》说：“天底下只有德性最为真诚的人，才能够把自己天赋的本性实现出来。能够实现自己的本性，才能够让他人也实现他们的本性。能够让他人实现他们的本性，才能够让万物实现自己的本性。让万物都实现自己的本性，才可以说做到了帮助天地生长、养育万物。做到帮助

> 唯天下至诚，为能尽其性；能尽其性，则能尽人之性；能尽人之性，则能尽物之性；能尽物之性，则可以赞天地之化育；可以赞天地之化育，则可以与天地参矣。——《中庸》

天地生长和养育万物，就可以和天地并列为三了。”并列为三，也就是说和天地一样。天地有好生之德，生生不息，人帮助天地实现它的生生不息的德性，是和天地一样的，这就叫作“与天地参”。口语里常说的“做一个顶天立地的人”，背后的文化底蕴就在这里。“与天地参”是人的道德实践所能达到的最高境界，至此，人就实现了自己的本性。达到这样的境界和实现自己的本性是一致的。《中庸》主张先实现自己的本性，才能让他人，进而让万物实现其本性。也就是说，实现自己的本性是前提条件。这意味着人的本性中包含着让他人、让天地万物都实现其本性的要求，人承担着对于天地万物的责任。这个责任是什么？天地万物的本性是其生命健康成长和完成，“参赞化育”就是帮助万物生长，所以，这个责任也就是人对自然的生态责任。

“至诚”是最高的诚，纯粹的诚。它的“参赞化育”的内涵和“生生之德”“仁”是一致的。本体、功夫、境界一致，真、善、美、如一致。这些都是中华传统文化的核心内容，需要认真体会。“三尽之性”不光有

南宋　米友仁（传）《云山图卷》

生态的内涵，也是人之所以为人的要求，可以广泛地运用于人生、社会、政治、企业管理等各个方面。本书的主题是讲生态，所以突出诚的生态性。南宋时，朱子编辑《四书章句集注》，收录了《中庸》这篇文献。从元代“延祐复科”开始，科举考试以朱子的《四书章句集注》为准。此后，《中庸》对中华传统文化产生了更加广泛和重要的影响。

想一想

请列举几条人对于自然所应承担的道德责任。

二、建立与世界痛痒相关的情感

古希腊哲学产生于对自然的好奇（curiosity），它的第一个分支是自然哲学，即对自然的存在和运动进行思考。其中包含自然和谐的思想，如毕达哥拉斯学派就主张自然是和谐的，还力图用数学来说明自然的和谐。进入近代以后，西方哲学特别强调人类在认识自然时要持中立的态度，不能夹杂任何情感因素，这叫“indifference”，否则得到的结论就有可能染上认识主体的主观性、特殊性，不具有客观普遍性。这种认识推动了科学的发展，但把人和自然对立起来的思维范式给全球带来了严重的生态危机。

当今世界，哲学的一个主要动向就是对这种思维范式进行反思和突破。让我们自豪的是，中国古代哲学是可以为这种突破提供理论资源的。

中华传统文化中，无论是道家还是儒家，都不把自然和人视作相互孤立的实体对立起来，而是从二者的相互联系或相互关系出发来理解和

善言天者，必征于人。——《荀子》

学不际天人，不足谓之学。——《皇极经世》

说明对方。中国古代哲学不离开人讲天，也不离开天讲人。司马迁说自己撰写《史记》，意在“究天人之际，通古今之变，成一家之言”。“究”，是研究、探索，“际”是两个物体的接触面。“天人之际”包含现在所说的人与自然的关系。荀子说：“善于谈天的人，一定要得到人事上的验证。”邵雍在《皇极经世》中说：“学问达不到能够了解天人关系的地步，就不足以叫作学问。”这些说法都表达了中华传统文化的基本精神。所以，中华传统文化对于自然的理解与西方近代自然科学的理解相当不同。后者是一种不夹杂感情的纯粹思维活动，理解的心理主体是纯粹理性。但中国古代哲学则是关联着人的存在谈自然，理解在这里不是一种单纯的思

意大利　拉斐尔　《雅典学院》(中间是亚里士多德与柏拉图)

维活动，还包含情感。这种情感的内涵是体会、同情（sympathy）、同感（empathy）、痛痒相关，与自然同呼吸共命运，视自然的生机为自己的快乐，把自然的灾害作为自己的痛苦。这种理解可以叫作“体知”，即体会认知。中国古代哲学之所以能够让人安身立命，长期浸润其中受它的熏陶之所以会让人感到心安理得，就是因为同情的情感在理解中起了作用。同情、同感就是仁。在西方哲学中，纯粹理性不带有情感，具有冷峻、犀利、严厉的意象，所以纯粹理性认识到的自然是一个客观的、可以控制、可以征服的自然。自然规律是纯粹理性认识的结果，也是征服自然的阶梯。工业革命以来，人类社会的主流是主体征服和控制客体，和自然展开斗争，造成了对自然的生生之德的破坏和毁灭，使自然不能实现其生生的本性。究其原因，照《中庸》所说，乃是人未能实现自己的诚的、仁的本性。所以，要参赞化育，就要把仁心推及天地万物，保持心灵的敏锐和敏感，与自然相互感应，建立对于万物的同情或与万物痛痒相关的感情。“仁”也是个动词，是“感应”。“麻木不仁”的“仁”就是感应，“不仁”就是没有感应。做到与自然痛痒相关并不难。比如，欣赏自然的美、不踏草坪、不折花草、不折枝条等，都是对于自然的维护和爱惜。在风景区，如果大家留意的话，会发现垂柳等树木花草的枝条大都是没有梢端的。它们的梢端哪里去了？都是被游人无意或有意地掐断了。这其实就是对自然生命的一种戕害。现在随手无故摧折树木花草的人太多了！这样做时，心就与自然分离了，隔阂了。因小见大，举一反三，在维护自然的生命方面我们可做的事情是很多的。

总之，中国古代哲学尤其是儒家哲学关于人与自然的关系的智慧有三个要点：一是不割裂人和自然；二是在二者的相互联系中理解人、理解自然、理解人与自然的关系；三是这种理解不是对一种认识对象的纯粹的知识性理解，不是对科学知识的理解，其中还包含同情和帮助，强调人和自然的和谐共存。痛痒相关的态度是当今所迫切需要的态度。生态地存在是人类根本的存在方式。中华民族之所以能够贞下起元、历久弥新，保持较高的文明水平，一个重要的因素是中华传统文化的生态意识维持了中华民族生存地区的自然环境，为文明的繁荣提供了环境支撑。这些生态智慧，仍可为当今中国和世界的生态文明建设做贡献。

想一想

思考一下什么是对于自然的同情？为什么这种同情也可以叫作“仁”？

三、达到“与天地万物为一体”的境界

“参赞化育”是积极主动地做到与天地万物为一体，天人合一。照常识来说，人和自然各是独立的形体，怎么会是一体的呢？其实，从前面讲过的“通”的思想来看，人、物都是由气构成的，气在人和天地万物之间一直不停地流通着，连接和沟通着二者，所以天人之间不是断裂的，是一体的。

当代生态哲学家也认识到了这个道理，用“生命之流”来说明人和外部世界的沟通，认为人的生命只是大自然的生命的一个内在方面或表现。这是符合中国古代哲学的精神的。

北宋　赵佶《竹禽图》

不过，仅仅用气的流通来说明天人一体还是不够的。因为这个一体只是气的“功劳”，是一种静态的、被动的一体，不是人自觉努力的结果，未必能稳定得住，保持得住。还有，由气流通构成的一体也可能意味着人即使是在破坏自然时，也仍然是与自然为一体的，因为气一直就在人和自然之间流通着。所以，儒家讲的“参赞化育”，是人通过道德努力所达到的结果，是境界。“赞”，是人的生态实践、道德实践。只有通过自觉的生态实践才能达到稳定的、可以保持的一体。我们看古人的很多说法，其实都包含生态实践的内容。如“懋昭明德，物将自至”，“懋昭”就是努力地发挥光明的道德。“承天理物”，“理”是治理。“以道接物”，“接”是处理、对待。“圣人于天下，于物无不容”，“容”是包容。朱子说：“人者，天地之心。没这人时，天地便没人管。”“管”是照管，是从恻隐之心中发出的生态实践。只有通过与天地万物痛痒相关的生态实践才能做到天人合一，“浑然与物同体”“与天地万物为一体”。

现在我们可以回到引子提出的问题，看看王阳明是如何说明“与天地万物为一体”的。弟子问王阳明：“人心与物是同为一体的。我的身体原本就血气流通，所以是一体的，但与他人便是不同身体了，跟禽兽草木就差得更远了，怎么能说是一体的呢?”王阳明回答：“你只须从人心与外物的微妙感应上来看，岂止禽兽草木与人是一体的，就是天地也是与我们同体的，鬼神也是与我们同体的。”王阳明把人分为“大人”“小人”。所谓“大人”，是把人与天地万物看成一个整体的那类人，而按照形体不同来区分你和我的人，则是所谓的“小人”。“大人”心中有仁德，能够做到视天地万物为一个整体。他接着说：“岂只是‘大人’才会如此呢?就是‘小人’的心也没有不是这样的，……所以当看见幼儿快要掉到井里

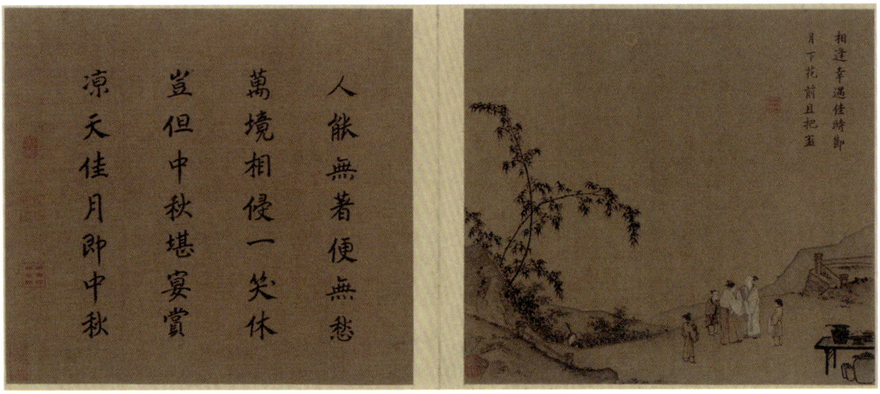

南宋　马远《月下把杯图》

时，一定会产生惊惧同情的心，这便是心中的仁与幼儿为一体了。幼儿和人还是同类，看见不是同类的鸟兽哀鸣颤抖而产生不忍杀害的心，便是人心中的仁与鸟兽为一体了。鸟兽还有知觉，看见没有知觉的树木被狂风刮断会产生怜惜的心，便是心中的仁与草木为一体了。草木还是有生命的，看见没有生命的瓦石被毁坏而产生可惜的心，便是心中的仁与瓦石为一体了。”王阳明这里所说的人心中的仁，也就是我们前面谈到的仁心，也就是人的明德，《中庸》中的“诚”。“与天地万物为一体”是由人的生态德性发出的生态实践所达到的生态境界。

问：“人心与物同体，如吾身原是血气流通的，所以谓之同体。若于人便异体了，禽兽草木益远矣，而何谓之同体？”先生曰：“你只在感应之几上看；岂但禽兽草木，虽天地也与我同体的，鬼神也与我同体的。”——《传习录》

见孺子之入井，而必有怵惕恻隐之心焉，是其仁之与孺子而为一体也。孺子犹同类者也，见鸟兽之哀鸣觳觫，而必有不忍之心焉，是其仁之与鸟兽而为一体也。鸟兽犹有知觉者也，见草木之摧折而必有悯恤之心焉，是其仁之与草木而为一体也。草木犹有生意者也，见瓦石之毁坏而必有顾惜之心焉，是其仁之与瓦石而为一体也。——《大学问》

想一想

思考一下什么是痛痒相关？自己对自然有过痛痒相关的时刻吗？

清　沈铨《荷塘鸳鸯图》（局部）

四、物道主义、“万物一体”与“爱有差等”的差异与矛盾及解决方法

前面讲到的“以鸟养养鸟”“以树种树”“以物观物”都包含十分深刻的天人关系思想。“天”是鸟、树、物天生的特性和要求，“人”则是人对“天”服从与否的意志、行为和行动。不服从，便违背鸟、树、物的天性，与“天”产生矛盾。这意味着在人道主义之外，还可以有鸟道主义、树道主义、物道主义。“以鸟养养鸟”是鸟道主义，“以树种树”是树道主义，“以物观物”是物道主义。物道主义可以作为这几种主义的总括。庄

南宋　林椿《海棠图》

子说："以道观之，物无贵贱；以物观之，自贵而相贱；以俗观之，贵贱不在己。"物道主义超出人的视角，它的世界是一个多样性的、多标准的、多价值观的平等世界。当代非人类中心主义生态哲学中的生态中心论、生物中心论、动物权利论、土地伦理学都有物道主义的特点。不过，客观地说，彻底的物道主义是行不通的。人生存于世界，同样是食物链上的一个环节，不可能不消费粮食、水果、蔬菜、肉、蛋、奶等，这就意味着人做不到和物彻底平等。所以，儒家的"与天地万物为一体"，指的不是物物平等的一体，而是有差别的统一体。这个问题，在明代，王阳明与门人注意到了，并展开过深入讨论。

明 仇英《二十四孝图 亲尝汤药》

门人问王阳明："既然人应该与天地万物为一体，那《大学》里面为什么又说有薄有厚?"王阳明回答："从道理上说，对待不同事物，本来就是有薄有厚的。比如，身体是一体的，但用手足来保护脑袋、眼睛，这难道是要轻视手足吗？道理本该如此。禽兽和草木都该爱，但用草木养禽兽，心是忍得的。人和禽兽都该爱，但是宰杀禽兽孝养父母，供奉祭祀，招待宾客，心又是忍得的。自己至爱的双亲和路人都该爱，但一小竹篮饭、一木碗汤，得到便能活，得不到便会死，不能两全。这时候，一定是救双亲，而不是救路人，心也是忍得的。道理本来就该如此。至于说到自己和双亲，则是不分彼此厚薄的。仁民爱物，都是从这种不分厚薄的心中发出来的。如果此处忍得分别，那就会哪里都忍得分别了。《大学》所说的厚薄是良知上自然就有的条理，不能逾越，这便是义；按照这种条理去做，就是礼；知道这个条理，便是智；始终坚守这个条理，便是信。"

问："大人与物同体，如何《大学》又说个厚薄?"先生曰："惟是道理自有厚薄。比如身是一体，把手足捍头目，岂是偏要薄手足，其道理合如此。禽兽与草木同是爱的，把草木去养禽兽，又忍得。人与禽兽同是爱的，宰禽兽以养亲，与供祭祀，燕宾客，心又忍得。至亲与路人同是爱的，如箪食豆羹，得则生，不得则死，不能两全，宁救至亲，不救路人，心又忍得。这是道理合该如此。及至吾身与至亲，更不得分别彼此薄厚。盖以仁民爱物，皆从此出；此处可忍，更无所不忍矣。《大学》所谓厚薄，是良知上自然的条理，不可逾越，此便谓之义，顺这个条理，便谓之礼；知此条理，便谓之智；终始是这条理，便谓之信。”——《传习录》

王阳明在这里要解决的问题是“万物一体”与“爱有差等”的矛盾。爱由良知发出。但对不同对象，爱的层级或程度会有所不同。草木一禽兽一路人一至亲形成一个以良知为圆心，爱的程度依次递增的同心圆。爱的差等也是当代生态哲学深入讨论的一个理论问题。一方面，如果所有层级相同，那是物道主义，人的存在就有可能自然化、动物化，这既不符合人作为有智慧的存在的进化事实，也不符合世界的实际状态。另一方面，如果完全差等化，就有可能陷入人类中心主义，这种主义是我们正在遭受的程度不同的各种生态灾害的根源。在人类中心主义和物道主义之间，还有一个中道中庸的路径，这就是发自仁心而含有差等的一体观。当然，这个仁心是动态的，一定要发出去，落实到实践中，不是静态的、停留不动的。王阳明说：“爱自己的父亲，进一步扩展到爱他人的父亲，爱天下人的父亲，这样，自己本心的仁才能与自己的父亲、他人的父亲，以至于天下人的父亲成为一体。实实在在地与自己的父亲、他人的父亲、天下人的父亲成为一体，才算是彰明了自己的孝的明德。……对于君臣、夫妇、朋友，乃至于山川、鬼神、鸟兽、草木，无不实实在在地亲近他们，由此实现自己心中与万物为一体的仁，这样才能说自己的明德的各个方亲吾之父，以及人之父，以及天下人之父，而后吾之仁实与吾之父、人之父与天下人之父而为一体矣。实与之为一体，而后孝之明德始明矣。……君臣也，夫妇也，朋友也，以至于山川、鬼神、鸟兽、草木也，莫不实有以亲之，以达吾一体之仁，然后吾之明德始无不明，而真能以天地万物为一体矣。——《大学问》

面都得到了彰明，才能真正地做到与天地万物为一体。”

从王阳明所说可知，亲近山川、鬼神、鸟兽、草木是人的明德应有的内容。人唯有真正实实在在地去亲近了，才能说自己的明德彰明了，才能达到与天地万物为一体。总之，爱虽有差等，但不是停滞的，而是一直要推出去的。尤其是，王阳明也指出过，爱不会稀薄到变质为恨。

想一想

砖石、树木、宠物、亲友、父母，请排列一下你对这些对象的爱的顺序。

五、心的好恶与物的善恶

比远近厚薄、爱有差等更为深入的是，“一体”之中还包含有个人的喜欢与厌恶（好恶）和事物的好与坏（善恶）两个层面。物有无好坏之分？物的好与坏（善恶）与人的喜欢和讨厌（好恶）的情感是什么关系？如何确立正确的好恶观？《传习录》中有薛侃清除花间杂草的故事，详细地讨论了这些问题。这段对话因其主要是围绕花草展开对事物的好恶的讨论，所以具有深刻的生态启示。

薛侃清除花间的杂草，顺便问王阳明：“为什么世间善难以培养，恶难以除去？”

王阳明说：“不过是没有培养，没有去除罢了。”停了一会儿，又说：“这样看善恶，都是从自己的身体躯壳上产生的念头，会陷入错误。”

薛侃不明白。王阳明说："天地间的生意，无论是表现在花上还是表现在草上，都是一样的，哪里有善恶之分？你想赏花，便说花是善的，草是恶的。如果你想用草，又会说草是善的了。这种善恶，都是由你心里的喜欢和厌恶产生的，所以是错误的。"

薛侃问："那就是说，物没有善的，也没有恶的了？"

王阳明回答："若从天理的静的方面看，物是没有善恶的；若从气的运行来看，则是有善恶的。人若不被气扰动，物便无所谓善与恶，这是最高的善。"

薛侃问："佛教也讲'无善无恶'，我们跟佛教有什么区别？"

王阳明回答："佛教执着于无善无恶，世间的事情都不去照管，不能用来治理天下。圣人的无善无恶，只是不刻意地生起一个喜欢的心，也不刻意地生起一个厌恶的心，心不被气扰动。圣人遵循王道，有最高原则，所以一切都遵循天理，确立天地运行的规律，帮助天地生长适宜的万物。"

问："草既然不是恶，那就不应该除去了？"

答："这又是佛老的意思了。如果草碍事，除去又有何妨？"

北宋　李公麟（传）《维摩演教图》

侃去花间草。因曰：“天地间何善难培，恶难去？”先生曰：“未培未去耳。”少间曰：“此等看善恶，皆从躯壳起念，便会错。”

侃未达。曰：“天地生意，花草一般，何曾有善恶之分？子欲观花，则以花为善，以草为恶。如欲用草时，复以草为善矣。此等善恶，皆由汝心好恶所生，故知是错。”

曰：“然则无善无恶乎？”

曰：“无善无恶者理之静，有善有恶者气之动；不动于气，即无善无恶，是谓至善。”

曰：“佛氏亦无善无恶，何以异？”

曰：“佛氏著在无善无恶上，便一切都不管，不可以治天下。圣人无善无恶，只是无有作好，无有作恶，不动于气。然遵王之道，会其有极，便自一循天理，便有个裁成辅相。”

曰：“草既非恶，即草不宜去矣？”

曰：“如此却是佛老意见。草若是碍，何妨汝去？”——《传习录》

问：“这样是不是刻意生起了一颗喜欢的心与厌恶的心？”

答：“不刻意生起喜欢的心和厌恶的心，不是说世间便没有善恶了。如果认为世间没有善恶，那便是善恶不辨的人了。说不刻意地生起喜欢的心与厌恶的心，只是说无论喜欢也好，厌恶也罢，都要遵循天理，不添加一层自己的意思，这样便如同没有从自己心上产生过喜欢和厌恶一样。”

问：“那么，除草这事，怎么做是一切遵循天理，不执着于自己的意思呢？”

答：“草如果有妨碍，照理该去除，除掉即可；偶尔没有除掉，也不累心老惦记着。如果加上了一层意思，就会给心体添累，便是被气扰动了。”

问：“那么说，善恶完全不在事物上了？”

答：“只在你的心上，遵循理便是善，被气扰动便是恶。”

问：“这就是说，物终究并无善恶？”

答：“心上如此，物上也是如此……”

问：“那《大学》中说的‘如喜欢好的色彩，如讨厌恶的臭味’，该如何理解？”

答：“这正是一切遵循天理，是天理本来就该如此，并无刻意生起喜欢和厌恶的私意。”

问：“‘如喜欢好的色彩，如讨厌恶的臭味’，这当中怎能说没有‘意’呢？”

答：“这里的是‘诚意’，不是‘私意’，诚意是遵循天理。尽管是遵循天理，也不能有一分执着的心思。所以心里存有愤怒和喜欢的情绪，心体便不会端正。一定是豁达广阔、公正无私的心，才是心体本来的面目。知道这个心体，就知道什么是未发之中了。”

伯生又问：“先生既然说‘草如果有妨碍，照理该去除’，怎么又说这是从自家身体躯壳上起念呢？”

王阳明回答：“这就需要你自己体会了，你要除草，是出于什么心？

曰："如此又是作好作恶。"

曰："不作好恶，非是全无好恶，却是无知觉的人。谓之不作者，只是好恶一循于理，不去又着一分意思，如此即是不曾好恶一般。"

曰："去草如何是一循于理，不着意思？"曰："草有妨碍，理亦宜去，去之而已；偶未即去，亦不累心。若着了一分意思，即心体便有贻累，便有许多动气处。"

曰："然则善恶全不在物？"

曰："只在汝心。循理便是善，动气便是恶。"

曰："毕竟物无善恶？"

曰："在心如此，在物亦然……"

曰："'如好好色，如恶恶臭'，则如何？"

曰："此正是一循于理，是天理合如此，本无私意作好作恶。"

曰："'如好好色，如恶恶臭'，安得非意？"

曰："却是诚意，不是私意；诚意只是循天理。虽是循天理，亦着不得一分意。故有所忿懥好乐，则不得其正。须是廓然大公，方是心之本体。知此即知未发之中。"

伯生曰："先生云：'草有妨碍，理亦宜去。'缘何又是躯壳起念？"

曰："此须汝心自体当。汝要去草，是甚么心？周茂叔窗前草不除，是甚么心？"——《传习录》

周濂溪窗前草不除，是出于什么心?”

这一段话，大体可以从以下几点理解。

第一，本然世界是无所谓善恶的。所谓本然世界，是指没有人存在或没有人加以审视和判断的自然界本身。因为这样的世界不涉及人的利益，所以无所谓善恶。有了人，人以是否有利于自己为标准对物进行判断，就会产生善恶好坏的观念。比如，世界上本没有洪涝，那不过是量大时长的降水而已；也本没有干旱，那不过是较长时间的无降雨而已。因为有了人，便成为灾害，便是不好的现象，便是恶。“洪涝”和“干旱”两个词本身即带有价值贬义。超出人的判断的本然世界，是天理自己运行的本来状态，是无善无恶的理之静。就本然状态来说，花也好，草也好，都是自然界生机的表现，说不上哪个更好一些。花好草不好或草好花不好，都不过是人根据自身需要做出的判断。

第二，这个世界既然是人存在的世界，人从自身出发进行判断，也是天理运行的一种情况。回到对任何事物不做判断的无善无恶状态，草该除而刻意不除，实际上是抹杀了人的存在，也是一种执着，所以，王阳明不赞成佛教的无善无恶，主张人可以做出善恶的判断，但是要警惕判断究竟是遵从天理的运行做出的，还是仅仅从作为一个肉体的人出发做出的，前者叫“循于理”，后者叫“羼(chàn)杂了个人的意”。前者是“理之静”，后者是“气之动”。草合该去除就去除，未除心里也不纠结，心体不累，这是循于理，顺其自然，是善。草该不该除去，纠结；有没有除去，又纠结，便是心体挂碍，便是累，不是自然，不是循于理，而是刻意做出喜欢或讨厌，纠缠于私意，就是恶了。

第三，“无善无恶者理之静，有善有恶者气之动”。善恶都是有了人以后产生的。因为有了人，就有了与天理分离的可能性。分离就是动于气。不动于气，则人的善恶与天理一致，这便是超出人的判断的无善无

清 任伯年《钟进士斩狐图》

恶，也就是最高的善，至善。王阳明把人的善恶的判断归结为“气”。动气，即人心为气所动，即为源自自己的躯体的动因所驱动，是个人的主观的意愿。不动气，不是说气不发动。一切都是以气为基础的，所以都是动气的。王阳明所谓的不动气，是不受气的妄动的干扰，不主观地“作好作恶”，即不从个人出发，刻意地喜欢，刻意地讨厌，而是遵照天理。善恶是对事物的判断，是情感好恶的结果。善恶判断得当与否，依赖于好恶情感正确与否。正确的好恶是天理的自然流出，不是纠缠于私意的，所以是至善的，超出日常所谓善恶的；不正确的善恶判断来自不正确的好恶情感，气之偏动，可能合于善，也可能合于恶，所以是有善有恶。气动循理，为“诚意”；个人之偏，为“私意”。循于理，即符合生态原则；动于气，则有可能违背生态原则。

第四，善恶只在我们的心，也就是说，善恶是我们做出的价值判断，要慎重。人要回归到无善无恶理之静的状态，即回归于天，天人合一。本然世界和人的世界从宇宙演化来看虽说是两个阶段，但从无善无恶的本然世界到有善有恶的人的世界，却主要不是纵向的阶段划分，而是横向的人的存在状态和世界的层级划分。无善无恶和有善有恶是世界的两个层面，也是人心的两个层面。人的善恶要回归和对应自然的无善无恶，也就是回归到循理的符合生态的原则。

想一想

什么是善，什么是恶？《钟进士斩狐图》中的狐一定就是恶的吗？《白蛇传》里法海视白娘子为妖，妖一定就是恶的吗？善恶从何而来，是怎么表现的？人怎么存善去恶？

六、“为天地立心”：帮助自然实现它的本性

我们重新回到“天人合一”的话题上来。能想到鸟有其天，树有其天，物有其天，人应服从其天，已经十分深刻了。用庄子的话说，可谓“至矣，尽矣，不可以加矣”。然而，这还不算究竟。上面的想法中，似乎天和人是两个对等的实体，人服从天。但是，鸟的天、树的天、物的天究竟是什么？鸟、树、物并不能做出回答，而是靠人来认识的，是人在认识天。同时，人为什么要服从天？为什么要与天合一？在技术上、措施上如何做到服从天？如何做到顺应自然，尊重自然，帮助自然，保护自然？做出这些决定的仍然是人，而不是天，是人自己要合于天。人生存于天地之间，但天不言，天是什么要靠人去了解和说明。这就意味着有两种人，一种是与天隔离的人，一种是认识天并要求做到天人合一的人。看起来像是两种人，其实也可以是同一种人或人心的两个层次，一种是与天隔离甚至对立的心，一种是超出了天人对立，要求合于天的心。

人生活于世界，要吃穿住行，甚至要享乐，所有欲望都必须通过利用自然来满足。这层心，可以叫作“欲望心”。这层心是人作为肉体的人活下来的心。只要人存在，这层心是消灭不掉的。也就是说，完全“灭人欲”是做不到的，也是不应该的；相反，如何恰当地、合理地满足人的欲望倒是现代社会的职责。但欲望基于气，人也不能过分地动于气，而

应循于理，放弃天人对立，这也是必须的，否则，人就沦为物了。循于理的心在逻辑上更高一层，其实是人的自觉反思和自觉意识，认识天，发出与天合一的心，是真正的心、仁心、良知。具有这种心的人，也就是王阳明所说的循于理的人。物的天，是儒家所说的“天地之心惟是生物”的天地之心。“以鸟养养鸟”也好，“以树种树”也好，“以物观物”也好，毕竟是人在养，人在种，人在观。人的养种观之心正是《礼记》所说的“人者，天地之心也”，也是张载说的“为天地立心”。自觉地为天地立心的心，也就是《大学》所说的“明德”，《中庸》所说的“诚”“仁”。《尚书》所说的“正德、利用、厚生”中的德，也是这种心。荀子批评庄子“蔽于天而不知人”，是有道理的。荀子所说的人，是更高意义上的同于天地之心的人，是同于天的人。人道主义包含物道主义，恰如在《中庸》中尽己之性包含尽物之性。《中庸》又说：“所谓诚，不只是成就自己，实现自己的本性，诚也是用来成就万物，实现万物的本性的。成就自己是仁，成就万物是智。诚作为德性，包括成就自己和成就外部世界两方面的道，它什么时候发挥作用，都是合适的。”

诚者，非自成己而已也，所以成物也。成己，仁也；成物，知也。性之德也，合外内之道也，故时措之宜也。——《中庸》

成就自己，成就万物，在当今生态文明建设时代，就是培育自己的生态德性，发挥其作用，承担对自然的生态责任，维持自然的健康生命，帮助万物生长。生命都有自身完善和完成的趋势。“为天地立心”，就要自觉地体会天地之心养育万物的用意，帮助万物顺畅地完成自己的生命。这样去思考和行动的人，他的心和草木之心是一致的，也可以说就是草木之心。所以程颢说“自家心便是草木鸟兽之心也”，王阳明说“自己的良知便是草木瓦石的良知”。既然仁是贯穿天地万物与人的共同的本体，那么，“为天地立心”，其实也是每个人树立自己的心，尽自己的性，从而让万物实现其本性。

中国古代哲学的主题是“究天人之际”，“为天地立心”是“究天人之际”的枢纽。“际”是尽头、边界，两个物体的接触连线或界面。“唯见长江天际流”，“天际”就是远方江天相接之处，可以是一条线，也可以是一个界面。“天人之际”是天和人相联系的连线或界面。天作为自然界，作为事物天然的状态，是不断变化发展的；人作为有自我意识的物种，能力和主动性是不断地提高的。所以，“天人之际”的“际”也是动

清　绵宁《渔樵耕读画册》(局部)

清　绵宁《渔樵耕读画册》(局部)

态的、变化的、进退的、交汇的、往来屈伸的。天进一步，则人退一步；人进一步，则天退一步。因为“际”是动态的，所以“天人之际”要不断地“究”下去。人类存在一天，这个课题也就存在一天，永远不会彻底地完成和终结。这正是哲学这门学科的意义、趣味和魅力所在。

想一想

体会几种为天地立心的方式方法。

第六章

怎么对待动物？『德至禽兽』

第六章

导读：前几章总括地介绍了什么是天，什么是人以及关于天人关系的几种观点。从这一章开始，我们要对天人关系进一步具体化和深化，讲解中华传统文化中关于动物、植物、土地、山脉、河流等自然现象的生态智慧。中华传统文化善待动物的智慧可以总结为“德及禽兽”，爱惜生命；渔猎有制，合理使用；各得其所，相安无事；珍惜灵异，祭祀放生。“德及禽兽”，爱惜生命是用道德的态度对待动物，珍惜和尊重它们的生命，对于毒蛇猛兽不滥杀。“渔猎有制，合理使用”是对打鱼田猎制定一定的礼制和法规加以约束，要求合理地利用动物。“各得其所，相安无事”是主张给动物以合理的生存空间，人和动物相安无事。“珍惜灵异，祭祀放生”是古人认为一些动物具有特别的神灵性，对它们额外尊重，进行祭祀放生。在生态危机成为全球性问题的当代，寻求与动物共生共存的生态智慧，成为一个倍加迫切的问题。以上所说的这些智慧对于我们今天处理与动物的关系都有很大的启发意义。

引子 网开“一面”还是“三面”？

有个成语叫“网开一面”，又叫“网开三面”，到底是一面还是三面？这个成语现在用来讲对人的宽恕，它的原意就是如此吗？

宋　佚名《出水芙蓉图》

一、用道德的态度对待动物：“德及禽兽”

大千世界，林林总总，千姿百态，我们该爱什么，这是前面说的道德共同体范围的问题。中国古代哲学主张“爱人以及物”，物是天地万物，包括动物、植物、土地、山脉、河流。下面我们讲讲中华传统文化中善待动物的生态智慧。

1. 网开三面、天下归心

其实，“网开三面”本来是指人对待动物的态度。《吕氏春秋》记载，一天，商汤外出，看到有人在四面张了网捕猎，口中还念念有词地祈祷：“让天上落下来的、地里钻出来的、四面八方跑过来的，都陷入我的罗网吧！”商汤听到后，感叹地说：“这就赶尽杀绝了，不是夏桀，谁会这么做呢？”就把他的网收了三面，只留下一面，并教他祈祷：“过去蜘蛛结网，现在人们只学得了做网之道的皮毛。让飞禽想往左的往左，想往右的往右，想往高处的往高处，想往低处的往低处，让那些不听从命令的鸟兽自投罗网吧！”汉水以南各国听说这件事后，都感慨道，商汤能够把自己的恩德施及禽兽，更何况人呢！后来有四十个国家归附了他。商汤由此开创了商王朝。这就是著名的商汤“网开三面”的故事。这里的“开”是打开，放禽兽逃生。“三面”比“一面”更为合理些。现在大家都用惯了汤见祝网，置四面，其祝曰："从天坠者，从地出者，从四方来者，皆离吾网。"汤曰："嘻！尽之矣。非桀，其孰为此？"汤收其三面，置其一面，更教祝曰："昔蛛蝥（máo）作网罟，今之人学纾（shū）。欲左者左，欲右者右，欲高者高，欲下者下，吾取其犯命者。"汉南之国闻之曰："汤之德及禽兽矣！"四十国归之。——《吕氏春秋》

"网开一面"，这里的"开"，应当是"张"，即只张开一面网，留下三面不设网。

这个故事较早出现于秦始皇的相国吕不韦组织编写的《吕氏春秋》中，后来也出现在贾谊的《新书》、司马迁的《史记》中。《吕氏春秋》是集体著作，一般归入杂家，但其倾向偏向道家。贾谊是儒家。《史记》属于史学，司马迁之父司马谈的道家味浓一些，司马迁则儒家味浓一些。无论儒家还是道家都引述这个故事，表明善待动物是中华传统文化的基本态度。

2. 鲁恭三异、化及鸟兽

《后汉书》记载过一件"鲁恭三异"的事情，表明了汉代人善待动物的道德态度。建初七年，各地蝗虫泛滥，农作物毁坏严重。可是，蝗虫虽然在犬牙交错的边境聚集，却就是不入鲁恭治下的中牟县界。河南府尹袁安听说后，怀疑此事不实，就派肥亲前往中牟察看实情。鲁恭陪同肥亲在田间小道上走累了，到桑树下休息。这时有只野鸡过来。旁边有一名儿童。肥亲问儿童："为什么不去捉野鸡？"儿童说："现在是野鸡育雏的时候。"肥亲听了吃惊地站起来，辞别鲁恭说："来中牟的目的是察看你执政的情况。蝗虫不犯境，是一件异事；仁德化及鸟兽，又是一件异事；连儿童也有仁心，是第三件异事。"从儿童的回答中可以看出，儒家的仁德思想被推广到对待鸟兽，在当时已深入人心。蝗虫不入境也未必是虚构。因为野鸡是蝗虫的天敌，中牟境内野鸡繁多，蝗虫就不会入境了。古人可能在不自觉之中发挥了生物食物链的作用。

建初七年，郡国螟伤稼，犬牙缘界，不入中牟。河南尹袁安闻之，疑其不实，使仁恕掾（yuàn）肥亲往廉之。恭随行阡陌，俱坐桑下。有雉过，止其傍。傍有童儿。亲曰："儿何不捕之？"儿言："雉方将雏。"亲瞿（qú）然而起，与恭诀曰："所以来者，欲察君之政迹耳。今虫不犯境，此一异也；化及鸟兽，此二异也；竖子有仁心，此三异也。"——《后汉书》

3. 恩及诸虫、适足为仁

董仲舒认为，人类应善待动物，"鸟兽昆虫莫不爱"，否则怎能叫作"仁"呢？只有善待动物，自然环境才会变好，社会风俗和政治秩序也才会随之变好，天下太平。有序的自然环境包括善良的动物到来并能够顺利成长，凶恶的动物远遁。把动物分为善良和凶恶两类，现在看来未必正确，这个问题留待后文解决。董仲舒指出，把恩德推及有鳞类动物，鱼类就会生长，鲟鳇、鲸鱼就会离去，群龙纷纷降临。把恩德推及有翅膀的飞鸟类动物，则鸟类会生长，天鹅到来，凤凰翔集。把恩德推及无毛类动物，百姓就会归附，亲近君上，人口繁衍，贤圣俊才出来担任官职，辅助君王治理国家，神仙降临人间。把恩德推及有皮毛的动物，各种野兽会健康成长，麒麟就会到来。把恩德推及甲壳类动物，鼋鼍就会健康成长，出现灵龟。在传统文化中，龟是具有美好意象的动物。据传说，大禹时洛河有神龟驮洛书出现。河图洛书是中华民族重要典籍“群经之首”《周易》的源头。

相反，如果祸害各类动物，在水中下毒，一网打尽整群野兽，抽干陂池打鱼，祸害鳞虫，那么鱼类就无法成长，龙就会深藏，鲸鱼就会出来。如果捅翻鸟窝，捕捉雏鸟，祸害有羽毛的动物，飞鸟就不能生长，

唐　顾恺之《洛神赋图》(局部，宋摹本)

冬天应出现的气候、天象也不会出现，猫头鹰乱叫，凤凰高飞远去。如果统治者肆虐残暴，妄加诛罚，人类就不能生长，百姓叛逃，圣贤流亡离去。如果四面张网，焚烧山林打猎，祸害毛虫，那么走兽就无法生长，白虎就会肆意攻击百姓，麒麟逃遁。如果祸害介虫，乌龟就会深藏不出，鼋鼍就会生命力衰弱，呼吸有气无力。

恩及鳞虫，则鱼大为，鳣（zhān）鲸不见，群龙下。

毒水渰（yǎn）群，漉陂（bēi）如渔，咎及鳞虫，则鱼不为，群龙深藏，鲸出现。

摘巢探彀（kòu），咎及羽虫，则飞鸟不为，冬应不来，枭鸱（xiāo chī）群鸣，凤凰高翔。

暴虐妄诛，咎及倮虫，倮虫不为，百姓叛去，贤圣放亡。

四面张罔，焚林而猎，咎及毛虫，则走兽不为，白虎妄搏，麒麟远去。

咎及介虫，则龟深藏，鼋鼍呴。

——《春秋繁露》

4. “麟凤龟龙，谓之四灵”：具有神秘性的动物

前面提到，龟是美好的文化意象。其实，不光龟，还有龙、麟、凤，

何谓四灵？麟、凤、龟、龙谓之四灵。故龙以为畜，故鱼鲔（wěi）不淰（shěn）。凤以为畜，故鸟不獝（xù）。麟以为畜，故兽不狘（xuè）。龟以为畜，故人情不失。——《礼记》

古代合称为“四灵”。“四灵”观念产生的源头可能与图腾崇拜有关，这种观念赋予了一些动物一种神秘色彩，可以说是对“自然之魅”的认识。“魅”是自然的不可知的神秘性和人对于自然的敬畏感的统一。对于不知道、不了解的自然现象，人类应当保持敬畏的态度，不可盲目地开发利用自然资源，否则可能会带来灾害。

什么是“灵”？唐朝孔颖达说，灵就是神灵。注意，这里的神灵，不是我们现在所说的有塑像、牌位或图像的尊神，而是鸟兽神奇灵验的特性。龟、龙、麟、凤这四兽都很神灵，与其他的动物不同，所以称它们为灵。古人认为，灵也是各类动物之“长”，即动物的代表和统帅。凤凰是鸟类的代表和统帅，麒麟是走兽类的代表和统帅，龟是甲壳类动物的

谓之“灵”者，谓神灵。以此四兽皆有神灵，异于他物，故谓之灵。——《礼记》

灵是众物之长，长既至，为圣人所畜，则其属并随其长而至。——《礼记正义》

一品文官 仙鹤补子

一品武职 麒麟补子

清代补子上有各种动物形象

代表和统帅，龙是有鳞类动物的代表和统帅，圣人是体裸（无毛）类动物的代表和统帅。如果代表和统帅得到了畜养，那么它的同类就会到来。《礼记》说：“畜养龙，鲟鱼类就不会在水里惊恐游动。畜养凤，鸟类就不会惊慌飞走。畜养麟，兽类就不会惊恐逃窜。畜养龟，能够了解人的实际情况。”这几种动物之所以被称为“神灵”，可能是有以下几种原因。龟长寿，且具有“先知”的神异功能。殷商时期，人们用龟壳来占卜，叫作“龟卜”。现在我们看到的甲骨文，有不少是刻在龟壳上的。龙在古代被认为是一种能兴云致雨的神灵。麟是麒麟，可能和龙一样是一种虚构的动物，也可能是一种灭绝的异兽。麒麟被认为是仁兽，圣王将兴的瑞应。在历史上，孔子与麟有较多的联系。《春秋》是鲁国的国史，孔子对它进行过编辑整理，因此历史上普遍认为《春秋》包含着孔子的微言大义。《春秋》结尾的记录是“西狩获麟”。经文很简单：“十有四年，春，西狩获麟。”《春秋》绝笔于此，后人觉得寓意深刻。汉人认为，麟为仁兽，是人间要出现圣王的预示。可当时世上并无明君圣王，所以，孔子伤周道不兴，叹嘉瑞无应；又感慨生不逢时，道无所施，言无所用，与麟相类，遂绝笔于此。据传，孔子听到西狩获麟之后，悲伤地说：“你究竟是为谁而来呢，为谁而来呢?”用衣袖擦着脸，涕泪沾袍，说：“我的道推行不了啦，推行不了啦。”不久便去世了。《公羊传》认为，得麟而死，是上天显示给夫子的他行将去世的征兆。

“孰为来哉？孰为来哉?”反袂拭面，涕沾袍，曰：“吾道穷矣!”——《春秋公羊传》

凤凰和麒麟一样，可能是虚构的飞禽，也可能是已灭绝的珍禽。据说舜的时候，演奏《箫韶》到九章，便有凤凰成对到来，翩翩起舞。周文王时，周朝将要兴起，曾有凤凰鸣于岐山。“有凤来仪”同样被认为是圣王出世的瑞应。《论语》记载，孔子把自己比作凤，同时代的人也这样看他。古人认为，圣人受命就会有凤凰出现。孔子曾经感叹：“凤凰不来，黄河也不出现河图，我这一生怕是完了！”孔子周游列国到楚国，有个叫“接舆”的隐者，唱着歌从孔子身边走过，希望孔子觉醒，也去归隐。他唱道：“凤凰呀凤凰，你为何无德到这样！过去的事情已不可挽回，未来可不能仍在迷茫中失坠。算了吧，算了吧！现在的执政者，哪个不是岌岌可危？”

凤鸟不至，河不出图，吾已矣夫！——《论语》

凤兮！凤兮！何德之衰（cuī）？往者不可谏，来者犹可追。已而，已而！今之从政者殆而！——《论语》

在儒家文化中，除了“四灵”以外神灵的动物还有玄鸟、神雀等。玄鸟可能是原始部族图腾崇拜的孑遗。《诗经》中殷人歌颂自己的祖先说“天命玄鸟，降而生商”，可见殷商的图腾是玄鸟。玄鸟是燕子，这种鸟在今殷商故地河南民间仍然被认为是神灵的鸟类。燕子喜欢在人居住的屋子里筑巢，现在由于人们居住方式的改变，燕子失去了筑巢的地方，越来越少见了，真是可惜！

还有一些动物，儒家认为它们有部分的亲情和仁义的德性。荀子说，大的鸟兽如果在一个地方失去同伴，再路过这个地方时，一定会徘徊，号鸣而去。小的燕雀在同样情况下也是吱吱喳喳，然后才离开。这些都是它们的感知。广泛流传的蒙书《名贤集》中有“马有垂缰之义，狗有湿草之恩”，《增广贤文》有“狗不嫌家贫”“羊有跪乳之恩，鸦有反哺之义”，说的都是动物的灵异之处。儒家文化关于神灵动物的认识，决定了中国人对于动物的慈爱态度，因而具有生态意义。

5. 灵兽骈至、天下大同：理想社会中的动物

儒家认为，神异动物是政治和谐、民风淳厚、环境优美的象征和体

清　沈铨　《百鸟朝凤图》(局部)

南宋　李唐《牧牛图页》

现。所以，一个社会应该广布德泽，大兴仁慈，使神异动物联翩而至。《孝经援神契》说："如果把仁德推及鸟兽，凤皇麒麟就会来到，鸾鸟翩翩起舞。"儒家憧憬的理想社会是"大同"。《礼记》讲到，在这种社会中，"上天降下甘露，大地涌出醴泉，山上生出器具和车辆，龙马背负河图从黄河水中冒出。凤凰和麒麟在郊野游走，龟和龙在宫廷的池沼里休憩。鸟的卵、兽的胎，人都可以去探看。"这个说法并非完全虚构的。在完全没有

天降膏露，地出醴泉，山出器车，河出马图，凤皇麒麟，皆在郊椒，龟龙在宫沼，其余鸟兽之卵胎，皆可俯而窥也。——《礼记》

污染的情况下，雨露是清新的，散发着淡淡的甜味；泉水是甘甜的，可以直接饮用。如果人不伤害野兽，它们就不会对人有防备之心，就会游走在郊区和城内。《礼记》畅想的大同社会是一个尊重动物生命，与动物和平共处的社会，这是中国传统理想社会的生态维度。

想一想

1. 什么是对于动物的恩德？如何把这种恩德推及所有动物？

2. 恩及动物真的会有“黄鹄至”“麒麟臻”吗？这是神话还是事实？

3. 天会降甘露吗？如果会，那什么情况下天会降甘露？

二、动物使用和保护的伦理原则：“顺性”“以时”

前文讲到，庄子借见过大世面的海神北海若之口说：“牛马四足，是谓天；落马首，穿牛鼻，是谓人。”落马首、穿牛鼻是为了“服牛乘马”，让牛马耕地拉车，为人出力。这当然剥夺了牛马天生的自由，所以庄子呼吁“无以人灭天”。这是庄子的理想。遗憾的是，“归马于华山之阳，放牛于桃林之野”这种让动物自由自在地生长的社会和自然环境，从古到今都是很难成就的。倒是《周易·系辞下》所说的“服牛乘马，引重致远，以利天下”，刘禹锡所说的“力雄相君，气雄相长”是人和动物关系的常态。负重致远、提供肉类皮毛，一直是动物对于人的使用价值。不过，这并不意味着人可以不珍惜动物的生命，肆意虐待和杀戮动物，甚至暴殄天物。善待动物是中华文化的传统。孟子提出：“君子对于那些飞禽走

> 君子之于禽兽也，见其生，不忍见其死；闻其声，不忍食其肉，是以君子远庖厨。——《孟子》
>
> 国君无故不杀牛，大夫无故不杀羊，士无故不杀犬豕。君子远庖厨，凡有血气之类，弗身践也。——《礼记》

兽，看见它活着，就不忍心看见它死去；听到它的哀鸣，就不忍心吃它的肉，因此君子远离厨房。”《礼记》上说：“国君无故不杀牛，大夫无故不杀羊，士无故不杀犬豕。君子远离庖厨。凡有血气的动物，都不亲手宰杀它。”这里的“故”指重要的事情、重要的场合。就国君来说，“国之大事，在祀与戎”。祀是祭祀，戎是战争。也就是说，除了战争和祭祀外是不能随意杀牛的。“君子远庖厨”，但凡有血气生命的动物，君子都不亲手屠杀。对于君主的工作，荀子提出了一个原则。他说：“君主是善于把分散的人组织成为社会、国家的人。组织社会、国家的原则如果合理，万物就会获得合适的生长环境和条件，各类生命就会得到充分实现。所以，适时饲养则六畜兴旺，遵照时限砍伐则草木繁茂。”

> 君者，善群也。群道当则万物皆得其宜，六畜皆得其长，群生皆得其命。故养长时则六畜育，杀生时则草木殖。——《荀子》

1. 顺性取时的使用原则

在“君者，善群也”中，又出现了“时”这个重要概念。中华传统文化主张“交于万物有道”，这个“道”，就是尊重生命、敬畏生命。生命伦理学家施韦泽提出：“善的本质是保存生命，促进生命，使生命达到其最高度的发展。恶的本质是毁灭生命，损害生命，阻碍生命的发展。”[1]

---

① 阿尔贝特·施韦泽．敬畏生命：五十年来的基本论述 [M]. 陈泽环，译．上海：上海社会科学院出版社，2003 年：92.

顺其性，取之以时，不暴夭……有道者，谓顺其生长之性，使之得相长养；取之以时，不残暴夭绝其孩幼者，是有道也。——《毛诗正义》

毋覆巢，毋杀孩虫、胎夭飞鸟，毋麛（mí）毋卵。——《礼记》

如何尊重动物的生命？东汉郑玄提供了一个具体说明，即“顺着万物的本性，使其充分生长；按照一定的时限取用，不残暴地夭杀动物。”我们把它概括为“顺性取时”。“时”即时限，是根据自然运行和动植物生长的特点做出的捕猎和砍伐的日期和时段规定。“顺性取时”的本质是尊重动物的生命和生长的本性。《礼记》中有一篇叫《月令》的文章，记载了各个月份应该进行的活动，其中就有关于“时”的各种规定，要求严格遵照动物的生长周期畜养动物，猎杀动物要节制。春天的禁忌比较多，如“不得掀翻鸟巢，不得杀害动物幼虫，不得夭杀飞鸟、刚出生的动物，不得猎取幼鹿，不得拿走禽鸟的卵”等。郑玄认为，春天是鸟兽孚乳、生命孕育的季节，不这样做就会妨碍和伤害幼小动物的生长，“伤之逆天时”。照《礼记》所说，“獭祭鱼”“豺祭兽”之后，才能狩猎。獭喜吃鱼，常把捉到的鱼排列到岸上，类似祭祀，这叫“獭祭鱼”。獭祭鱼一般是惊蛰以后。“豺祭兽”与獭祭鱼类似，时间大体在阴历十月。也就是说，晚秋或初冬以后，虞人才能入泽梁捕捞鱼类水产。张网捕鸟则在“鸠化为鹰”以后。“鸠化为鹰”是个美丽的误会。古人认为，农历八月前后鸠变为鹰。这时鸟类已完成哺育，幼鸟已能飞翔，礼制要求此后才可以设网捕鸟。《礼记》又规定，春天昆虫出蛰以后才可以焚草肥田，这是为了避免烧死蛰伏的动物。照郑玄的解释，这叫作“取物必顺时候”。

獭祭鱼，然后虞人入泽梁；豺祭兽，然后田猎；鸠化为鹰，然后设罻（wèi）罗；草木零落，然后入山林；昆虫未蛰，不以火田。——《礼记》

2.“田不以礼，曰暴天物”：对渔猎的礼制限制

传说，周公制礼作乐。《礼记》是对礼制的解释。礼有吉（祭祀类）、凶（丧葬类）、军（战争类）、宾（宾客类）、嘉（婚嫁类）五类。礼不仅是

元　赵雍（传）《骑马狩猎图》(局部)

一套仪式，也是约束官员行为、调节社会秩序的制度、法规。对于田猎，礼就有生态意义十分明确的规定。《礼记》说："田不以礼，曰暴天物。"就是说，田猎如果不按照礼制进行，就可能滥捕，暴殄天物。

前文所说的"时"，又叫"时限"，是对捕猎可以开始的时间和持续的时长做出的限制，与捕猎的礼制有关。田猎又有数量的限制，要求"天子不合围，诸侯不掩群"，禁止对野兽一网打尽。照古人所说，"兽三为群"，可见古人对于田猎数量的限制多么严格。关于田猎，还有"三驱之礼""逆舍顺取"的规定。《周易》比卦九五爻的爻辞为"王用三驱，失前禽"。对于"三驱之礼"，前人的解释不尽相同。一种说法是射杀迎面跑来的野兽，放走背己逃跑的野兽；另一种解释则恰好相反，为"逆舍顺取"。无论哪种解释，都是不合围，和"网开三面"异曲同工。《尚书》记载，文王不敢沉溺于游观田猎，给众多邦国树立了榜样。周公说，从今以后继位的君王，谁都不能沉溺于观赏、安逸、游乐、田猎，要给百姓树立榜样。这里说的是政治，但其中对于田猎的限制，无疑是符合生态原则的。

> 国君春田不围泽，大夫不掩群，士不取麛卵。——《礼记》

《国语》记载了一个"里革断罟匡君"的故事，充分表明了古人的生态意识。春秋时期，鲁宣公违反时禁，夏天在泗渊下网捕鱼。里革把他的网割破扔了，批评他说，在古代，要等到寒气减轻，蛰虫出土以后，水虞才开始整治网罟，打些大鱼，捕捉龟鳖，献到寝庙里行尝新礼，为宣公夏滥于泗渊，里革断其罟而弃之，曰：古者大寒降，土蛰发，水虞于是乎讲罛（gū）罶（liǔ），取名鱼，登川禽，而尝之庙，行诸国，助宣气也。鸟兽孕，水虫成，兽虞于是乎禁罝（jū）罗，矠（zé）鱼鳖以为夏槁，助生阜也。鸟兽成，水虫孕，水虞于是禁罜䍡，设穽鄂，以实庙庖，畜功用也。且夫山不槎蘖，泽不伐夭，鱼禁鲲鲕，兽长麑麌，鸟翼鷇卵，虫舍蚳蝝，蕃庶物也，古之训也。今鱼方别孕，不教鱼长，又行网罟，贪无艺也。——《国语》

的是帮助土地散发阳气。在鸟兽孕育、水产始生初长的时候，兽虞禁止网罗，只准刺取鱼鳖，制成夏天吃的鱼干，为的是帮助鸟兽生长。在鸟兽长成、水产初成的时候，兽虞禁止下网，只准设陷阱捕兽，供给宗庙和庖厨，为的是给国家积蓄财用。上山不砍新芽，下泽不割嫩草，打鱼禁捕鱼苗，猎兽放过小鹿、小驼鹿，捉鸟要小心雏鸟和鸟卵，逮虫要避免伤害幼蚁和幼蝗虫，这样做都是为了使万物繁殖生长。这些都是古人的教导。现在正是鱼儿孕育之时，你不叫鱼长大，反而下网捕捞，真是贪得无厌！

庄子从反对人类用机巧、伪诈的手段扰乱天地秩序的角度指出：“如果发明弓箭、弩机、毕、弋这些捕鸟工具的智慧多了，天上的飞鸟就不得安宁了。如果发明钩饵、网罟、罾笱这些捕鱼工具的智慧多了，水中的鱼儿就不得安宁了。如果发明削格、罗落、罝罘这类捕兽工具的智慧

> 夫弓、弩、毕、弋、机变之知多，则鸟乱于上矣；钩饵、罔罟、罾（zēng）笱（gǒu）之知多，则鱼乱于水矣；削格、罗落、罝罘（fú）之知多，则兽乱于泽矣。——《庄子》

多了，水泽中的野兽就不得安宁了。”庄子的出发点是万物平等齐一，反对人类对自然界使用过多的机巧智慧，客观上也是对动物的一种保护。

3.“钓而不纲，弋不射宿”：孔子对动物的道德态度的典范意义

孔子对于捕猎动物的态度在中国历史上很具有典范性，值得加以介绍。《论语》记载，孔子“钓而不纲，弋不射宿”，这表明了孔子对于自然的仁爱的态度。纲是大网，大网所捞必多，会给鱼类乃至于整个自然带来伤害。弋是带线的箭，射出去还能把猎物收回来。宿是归宿之鸟。宿鸟归飞，幼鸟盼母。射杀宿鸟，幼鸟失怙，会毁掉两茬生命，绝非仁慈之心所能忍受的。直到现在，民间尚有“劝君莫打三春鸟，儿在巢中盼母归”的谚语，可谓“弋不射宿”在百姓生活中的体现。“钓而不纲，弋不射宿”表明了儒家哲学的自然维度，促使我们重新认识中国古代哲学的广度和深度。

“钓而不纲，弋不射宿”作为人与自然关系的原则，只显示了孔子动物观的冰山一角。从包含孔子思想的相关文献，包括近年来可信性逐步

孔子曰："启蛰不杀，则顺人道；方长不折，则恕仁也。"——《孔子家语》

得到承认的《孔子家语》《孔丛子》以及出土文献《孔子诗论》等材料可以发现，孔子的动物观是丰富的，其基调是把道德共同体的范围扩展到动物，要求道德地对待动物，确立人对自然的伦理关系。

仁、恕、孝、义等德性条目同时也都包括对动植物的关怀。《孔子家语》记载宰我请教黄帝的事迹，孔子提到黄帝"仁厚及于鸟兽昆虫"。对于商汤"网开三面"，孔子评价说"成汤恭而以恕，是以日跻(jī)"，"日跻"是德性每日都在提高。《孝经》《礼记》都记载："曾子曰：'树木以时伐焉，禽兽以时杀焉。'夫子曰：'断一树，杀一兽，不以其时，非孝也。'""以时"即遵照时限。孔子强调按照时节规定伐木狩猎，把尊重动植物生命、保护动植物提高为对天地的孝，动植物由此成为和亲人一样的道德关怀对象。

清　郎世宁《乾隆秋猎图》

丘闻之，刳胎杀夭，则麒麟不至其郊；竭泽而渔，则蛟龙不处其渊；覆巢破卵，则凤凰不翔其邑。何则？君子违伤其类者也。——《孔子家语》

孔子把“刳胎杀夭”“竭泽而渔”“覆巢破卵”视为“不义”的行为。《孔子家语》记载，孔子要去晋国，走到黄河边，听说赵简子杀害了窦犨（chōu）、鸣犊两位贤人，便停下行程，望着黄河，感叹地说：“多么壮美的大河啊，浩浩荡荡！我不能到对岸，是命中注定的吧！”子贡小步疾走过来问：“您这是什么意思呢？”孔子说：“我听说过，一个国家，如果剖腹挖胎，杀戮动物的幼崽，麒麟就不会到它的国都的郊区；如果放干池水捕鱼，蛟龙就不会生活在这个国家的水中；如果捅翻鸟巢，打碎鸟卵，凤

明　仇英《西狩获麟图》

> 孔子之守狗死，谓子贡曰："路马死则藏之以帷，狗则藏之以盖，汝往埋之。吾闻弊帷不弃，为埋马也；弊盖不弃，为埋狗也。今吾贫无盖，于其封也，与之席，无使其首陷于土也。"——《孔子家语》

凰就不会在这个国家飞翔。为什么呢？君子远避伤害自己同类的人。"孔子的话体现了一种处世原则，他使用的论据表明了善待动物的道德要求。

对于死亡的动物，孔子抱有哀悯之情。《孔子家语》记载，孔子养的狗死了，要子贡去埋葬，对子贡说："君主的马死了用帷布埋葬，狗死了用车盖埋葬。你去把狗埋了吧。我听说过，用坏的旧帷布不丢弃，留着埋马用；用坏的车盖不丢弃，留着埋狗用。我穷，没有车盖，封土的时候，你用席把它卷起来，不要把它的头直接埋在土里。"

孔子还从自然中获得道德启示。他说："骥不称其力，称其德也。"指出骐骥值得称赞的是德性，而不是它的力气。他把自己比作麟、凤。他周游列国，道不行于世，晚年感慨"凤鸟不至，河不出图，吾已矣夫！"麒麟至鲁国国都郊区而亡，他为之流泪说："我跟人相比，就像麒麟跟普通的野兽一样。现在麒麟来了，又死了。我的道恐怕没法推行了吧。"《春秋》遂绝笔于"西狩获麟"。以德性比拟动物，把动物的德性和人的德性一致看待，在这种思维方式之下，对动物自然会倾向于采取关爱的态度。

三、对动物的祭祀与放生

1. 仁至义尽、报本反始：祭祀动物

动物在儒家文化中也是祭祀的对象。有功于农事的动物比如猫、虎等，都是祭祀的对象。成语“仁至义尽”现在用在对待人上。其实，它原本是讲对待动物的，还与腊八的习俗有关。腊八是农历的十二月初八，传说这个节日是尧帝创立的，为的是祭祀先祖和各类神灵，祈求丰收和吉祥。腊八祭祀八种神灵，猫、虎赫然在列。《礼记》上说：“天子重视腊八，尧帝创制了这个节日。腊是寻找。十二月，把万物之神都请过来一并

天子大腊八。伊耆氏始为腊。腊也者，索也。岁十二月，合聚万物而索飨之也。蜡之祭也，主先啬而祭司啬也，祭百种以报啬也，飨农及邮表畷、禽兽，仁之至，义之尽也。古之君子，使之必报之。迎猫，为其食田鼠也。迎虎，为其食田豕也；迎而祭之也。祭坊与水庸，事也。曰：“土反其宅，水归其壑，昆虫毋作，草木归其泽。”……蜡之祭，仁之至，义之尽也。——《礼记》

南宋　石恪《二祖调心图》

祭祀。祭祀仪式以神农为神主而祭祀后稷、田畯之官的神灵、田畯的住所邮表畷的神灵、百谷种子的神灵、禽兽的神灵、水坝的神灵、水沟的神灵以及禽兽中的猫、虎等。祭祀以上对象，为的是对自然做到仁至义尽。”为什么猫、虎乃至昆虫都在祭祀之列？《礼记》解释说：“古代的君子，对于使用过的东西一定要报答。祭猫，是因为它食田鼠；祭虎，是因为它食野猪。”此处可见，古人自觉地发挥了食物链的作用。腊祭的祈祷词是：“土坝牢固，永不崩塌；洪水无论大小，都流归沟壑；虫害不兴，杂草只长在薮泽。”腊八的祭祀之礼包含着重要的生态意义。首先，祭祀是对“自然之魅”的一种自觉的肯定，促使人们对于自然保持一种敬畏的情感。其次，祭祀实质上让人从属于自然、从属于天道，把人和天地万物联系在一起，是准宗教习俗掩盖下的一种生态循环观念，天人合一的一种具体表现。再次，祭祀表达了人们对于生养一切的天地的感激之情，是对大自然的报答，这叫作“报本反始”，是一种生态性情感。动物是自然的一部分，祭祀动物可以说是人向自然表达敬意的郑重仪式。

2. 各安其处，放生而不滥捕：仁慈地对待凶猛的动物

中华传统文化认为，动物有善良吉祥的，如“四灵”，也有丑陋凶恶的，如豺狼虎豹。类似认识在很多文化中普遍存在。不少文化都认为喜鹊吉祥瑞气，乌鸦晦气不吉。

其实，吉祥也好，晦气也罢，丑陋也好，凶恶也罢，都是人依据自己的喜好与利益做出的判断，动物自身则无所谓美丑吉凶，甚至也无所谓凶残温顺。食肉类动物似乎因其食肉而显得凶残，但科学研究表明，猛兽的凶残是有限度的，它们只有在饥饿、感觉受到挑衅、威胁或实际遭到攻击时才会做出攻击性行为。应当说，温顺和凶残的动物都不过是自然界食物链上的一个环节，都是构成物种的丰富性和完整性的不可或缺的成员，都有其生存的权利。站在生态的维度而不是人的利益的维度上看，动物都是一样的，凶猛动物也应得到道德关照，拥有足够的生活空间，以保障其种群数量，维持其健康的生存状态。从自然的角度来看，各类动物的价值都是一样的，对它们划分善恶美丑，提出伦理批评并无必要。生态哲学要求对于猛兽有更为客观的认识和更加包容的态度。这不仅是“以科学为基础，而且也以依存和宽容的道德哲学为基础的态度”[①]。从非人类中心主义的角度看动物，庄子已经提出了万物贵贱无差的基本原理和“毛嫱西施，鱼见之而深游”的具体例子。儒家出于“德及禽兽”的仁慈态度，对动物有法雄纵虎、程颢放蝎、韩愈祭鳄、子厚宥蛇的实例。

---

① 唐纳德·沃斯特.自然的经济体系——生态思想史[M].侯文蕙，译.北京：商务印书馆，1999:308.

《后汉书》记载，法雄初到南郡（今湖北荆州）任长官时，当地虎患十分严重。前任曾经悬赏招募百姓捕虎，虎患反而愈演愈烈。他则反其道而行之，发出禁捕令。他在公文中说：“大凡虎狼生活在山林，就如同人居住在城中市里。古代道德高尚，万物都受到感化，猛兽并不骚扰百姓，这都是由于恩信宽厚，仁德推及飞禽走兽的缘故。太守我虽不能说多么有德，又怎能忘记这个道理。现命令各地，毁坏布下的各种捕捉老虎的器械和陷阱，不得肆意在山林中捕猎。”“仁及飞走”表明了饱受儒学滋养的官员对待飞禽鸟兽的仁慈态度。

凡虎狼之在山林，犹人之居城市。古者至化之世，猛兽不扰，皆由恩信宽泽，仁及飞走。太守虽不德，敢忘斯义。记到，其毁坏槛阱（jiànjǐng），不得妄捕山林。——《后汉书》

与此相近的还有一个宋均令虎渡江的故事。《风俗通义》记载，九江多虎，祸害百姓。前任太守招募百姓捕捉，境内陷阱遍布。太守宋均到任后，要求毁坏捕虎的陷阱。他在发给属县的公文中说：“虎豹生活在山林，鼋鼍生活在水潭，都是本性使然。江淮多猛兽，就如同江北多鸡豚一样。现在虎豹屡屡伤害百姓，其实是贪婪残暴之人居于官位造成的，却反而叫人捕捉老虎，这不是为政的本义。毁坏槛阱，不得催促百姓用猛兽抵缴税赋，罢免贪残之官，举荐忠良之士。”从这个故事可以看出，宋均认为猛兽害人的原因在于官吏贪残，所以他反对捕猎。

以上两则故事都有给猛兽保留山野栖息地的思想，这符合维护动物

> 夫虎豹在山，鼋鼍在渊，物性之所托。故江、淮之间有猛兽，犹江北之有鸡豚。今数为民害者，咎在贪残居职使然，而反逐捕，非政之本也。坏槛阱，勿复课录，退贪残，进忠良。——《风俗通义》

生存权利的生态理念。据科学推算，一只华南虎需要600平方公里的栖息地。宋代以后，随着南方的开发，产生人虎争地的矛盾。清代以后，华南虎加速灭绝，现在野生华南虎已基本绝迹。

北宋著名哲学家程颢、程颐兄弟也有明确的生态主张和生动的生态实践。《明道先生行状》记载，程颢在茅山做主簿时，看到有人在路边拿着竹竿粘鸟，就折断了他的竹竿，训诫他不要这么做。此后，乡里就再也没有人养鸟玩了。对于害人的蝎子，程颢有“杀之则伤仁，放之则害义”的迟疑。有门人问程颐，佛教戒杀生的教义如何？程颐回答说：“儒家对于杀生有两说，其一是天生禽兽就是让人吃的，这个说法不对。哪有人专门是为虮虱而生的道理？又一说是禽兽是依赖于人而生的，所以杀禽兽是不仁的。这个说法也不对。大抵不同物种，力量大的能吃力量小的，但君子有不忍之心。所以说，君子对于禽兽，‘见其生不忍见其死，闻其声不忍食其肉，是以君子远离庖厨也。’以前家兄曾见一只蝎子，不忍杀，放生了，还写了一篇颂，其中有两句：‘杀了它有损于仁，放了它有害于义。’”这段话表明程颢对动物生命的尊重，对剥夺动物生命行为的高度谨慎。程颐对动物同样有关怀之情，他在《养鱼记》中提出了“圣人之仁，养物而不伤”的观点。他说：“我读圣人书，看到圣人有不能用细密的网子到池塘打鱼，鱼没长到一尺不能杀，市场上不能卖，人也不能吃的行政禁令。这就是圣人长养万物而不伤害它们的仁德。如果每一物都能得到这样的对待，那么我们从观赏万物生生、各遂其性中获得的快乐，该有多大呀！”

问：“佛戒杀生之说如何？”曰：“儒者有两说。一说天生禽兽，本为人食。此说不是。岂有人为虮虱而生耶？一说禽兽待人而生，杀之则不仁。此说亦不然。大抵力能胜之者皆可食，但君子有不忍之心尔。故曰：‘见其生不忍见其死，闻其声不忍食其肉，是以君子远庖厨也。’旧先兄尝见一蝎不忍杀，放去。颂中有二句云：‘杀之则伤仁，放之则害义。’”——《二程集》

明　仇英《秋猎图》

吾读古圣人书，观古圣人之政禁，数罟不得入洿（wū）池，鱼尾不盈尺不中杀，市不得鬻（yù），人不得食。圣人之仁，养物而不伤也如是。物获如是，则吾人之乐其生，遂其性，宜何如哉？——《二程集》

历史上还有两篇文章，表现了儒家学者对于凶猛动物的仁慈态度。一篇是唐朝韩愈的《祭鳄鱼文》，一篇是柳宗元的《宥蝮蛇文》。唐宪宗元和十四年，韩愈被贬外放，任潮州刺史（今广东潮州一带）。当地鳄鱼很多，伤害人畜。韩愈并没有大肆捕杀，而是祭祀祷告，命令鳄鱼离开潮州，到大海去。这种方式今天看来不免迂腐和滑稽，却表现了他博爱的胸襟，诚如他所说“博爱之谓仁”。祭文说：

某年某月某日，潮州刺史韩愈派遣部下军事衙推秦济，把一只羊、一头猪投入恶溪潭水给鳄鱼吃，同时又警告鳄鱼：

古代王者治理天下，放火焚烧山岭、薮泽的草木，用网罟捕捉、用绳索捆绑、用利刃刺杀，来消灭虫蛇等为害百姓的恶物，把它们驱逐到四海之外。后来的帝王道德衰败，不能拥有遥远的土地，连汉江、长江一带都丢弃给了蛮、夷、楚、越各族，更何况地处五岭和大海之间，离京师有万里之遥的潮州呢！你们鳄鱼潜伏于此，生长繁殖，也算是得其所了。

当今天子继承了大唐帝位，他神圣英明，仁慈威武，四海之外，六合之内，都在他的安抚和治理之下，更何况潮州这块土地大禹足迹所履，处于扬州界内，乃是刺史我和县令共同治理，为朝廷出产贡赋，供给祭

> 维年月日，潮州刺史韩愈，使军事衙推秦济，以羊一、猪一，投恶溪之潭水，以与鳄鱼食，而告之曰：昔先王既有天下，列山泽，罔绳擉(chuò)刃，以除虫蛇恶物为民害者，驱而出之四海之外。及后王德薄，不能远有，则江、汉之间尚皆弃之以与蛮、夷、楚、越，况潮、岭、海之间，去京师万里哉！鳄鱼之涵淹卵育于此，亦固其所。——《祭鳄鱼文》

祀天地百神以及祖先宗庙的地方！

鳄鱼，你们不能和刺史我共同生活在这块土地上！

刺史我接受天子的任命，镇守这块土地，治理这里的百姓，而鳄鱼你们竟然敢不安分守己地待在溪潭中，占据一方，吞食民众、牲畜以及熊、野猪、鹿、獐，养肥自己，繁衍后代，与刺史相对抗，争当统领一方的首领。刺史我纵然驽钝软弱，又岂能胆怯害怕，向你们鳄鱼低头屈服，让官吏百姓感到羞愧，在这里苟且偷安呢？况且刺史是奉天子的命令来这里为官的，这些道理，势必要与你们鳄鱼讲清楚。

鳄鱼若有知，听得懂话，你们要听我说，潮州的南面，就是大海。大到鲸鱼、鹏鸟，小到虾米、螃蟹，无不在大海里生活觅食。你们早上从潮州出发，傍晚就能达到。现在，我与你们约定：三日之内，务必率领你们的同类南迁到大海，回避天子命官。三日不行可延长到五日，五日不行可延长到七日。到七日还不迁徙，那就是你们终究不肯迁徙，目无刺史，不听其言，否则就是冥顽不灵，尽管刺史有话在先，却不听不今天子嗣唐位，神圣慈武；四海之外，六合之内，皆抚而有之。况禹迹所揜 (yǎn)，扬州之近地，刺史、县令之所治，出贡赋以供天地宗庙百神之祀之壤者哉！

鳄鱼其不可与刺史杂处此土也！

刺史受天子命，守此土，治此民；而鳄鱼睅 (hàn) 然不安溪潭，据处食民、畜、熊、豕、鹿、獐，以肥其身，以种其子孙；与刺史亢拒，争为长 (zhǎng) 雄。刺史虽驽弱，亦安肯为鳄鱼低首下心，伈伈 (xǐn) 睍 (xiàn) 睍，为民吏羞，以偷活于此邪？且承天子命以来为吏，固其势不得不与鳄鱼辨。

鳄鱼有知，其听刺史言：潮之州，大海在其南。鲸、鹏之大，虾、蟹之细，无不容归，以生以食，鳄鱼朝发而夕至也。今与鳄鱼约，尽三日，其率丑类南徙于海，以避天子之命吏。三日不能，至五日；五日不能，至七日；七日不能，是终不肯徙也，是不有刺史、听从其言也。不然，则是鳄鱼冥顽不灵，刺史虽有言，不闻不知也。夫傲天子之命吏，不听其言，不徙以避之，与冥顽不灵而为民物害者，皆可杀。刺史则选材技吏民，操强弓毒矢，以与鳄鱼从事，必尽杀乃止。其无悔！——《祭鳄鱼文》

知。无论是对天子命官要横，不听他的话，不迁徙以回避天子命官，还是冥顽不灵，为害百姓和牲畜，都该杀！刺史我将挑选有技能有才干的官吏和百姓，操起硬弓，搭上毒箭，与你们鳄鱼较量，一定要斩尽杀绝才肯罢手。鳄鱼，你们可不要后悔！

柳宗元的《宥蝮蛇文》也是其遭贬到柳州任职时写的，其文如下。

家里有个童仆，很会捉蛇，早晨提着一条蛇来见我，说："这是蝮蛇，人一旦被它咬了，必死无治。这种蛇还善于观察，听到人咳嗽、喘气以及脚步的声音，判断出他抵挡不住它的毒，就会快速出击，机灵地咬人，施加毒害。倘若没咬到人，便会更加恼怒，转过来咬草木，草木立马就死。路过的人碰到死的草木茎，会掉指头、手腕痉挛、脚肿，成为残疾。这种蛇必须杀死，不能留。"

我问："你从哪里捉来的？"他说："从榛树丛中。"又问："榛树丛里这类东西捉得完吗？"他回答说："捉不完。这种东西多得很。"我对童仆说："它住在榛木丛中，你住在室内，它不到你这儿来，你却到它那儿去，侵犯它，与它生死相斗，捉住它，拿过来见我，实际上你才好斗、危险。你轻易接近这种东西，然后杀了它，比它还残暴。那些耕地打柴的人都知道把自己

北宋　赵佶　《池塘秋晚图》(局部)

的住处用土垒起来，防止蛇进来；操持耒、镰、鞭，铲草扑打蛇，免受其害。你并不需要榛木。你可以把屋子修得密实些，庭院扫得整洁些，不踏深草，不到阴暗处，这长虫怎么会害得到你？况且，这长虫也不是自己喜欢成为这种样子的，造物主赋予了它这个样子，阴阳之气赋予了它生命，它的体形很怪异，被赋予作祸残害的脾性，即使不想害人也做不到。它是可怜可悲的，又怎能怪罪，对它感到恼怒呢？你不要杀它！”我同情蛇不得已的这个样子，敲着它的背，给它讲道理，饶恕它。这样写到：

可怜上天给了你这样一副形体，既无翅膀，又没四足，不能站立；脊

家有僮，善执蛇，晨持一蛇来谒曰：“是谓蝮蛇，犯于人，死不治。又善伺人，闻人咳喘、步骤，辄不胜其毒，捷取巧噬，肆其害。然或慊（qiè）不得于人，则愈怒；反啮（niè）草木，草木立死。后人来触死茎，犹堕指、挛腕肿足，为废病。必杀之，是不可留。”

余曰：“汝恶得之？”曰：“得之榛中。”曰：“榛中若是者可既乎？”曰：“不可，其类甚博。”余谓僮曰：“彼居榛中，汝居宫内，彼不即汝，而汝即彼，犯而斗死，以执而谒者，汝实健且险；以轻近是物，然而杀之，汝益暴矣。彼耕获者，求薪苏者，皆土其乡，知防而入焉，执耒操鞭持芟（shān），扑以免其害。今汝非有求于榛者也，密汝居，易汝庭，不凌奥，不步暗，是恶能得而害汝？且彼非乐为此态也，造物者

赋之形，阴与阳命之气，形甚怪僻，气甚祸贼，虽欲不为是不可得也。是独可悲怜者，又孰能罪而加怒焉，汝勿杀也。”余悲其不得已而所为若是，叩其脊，谕而宥之。其辞曰：

吾悲乎天形汝躯，绝翼去足，无以自扶。曲膂（lǚ）屈胁，惟行之纡。目兼蜂虿（chài），色混泥涂。其颈蹙恧（nǜ），其腹次且。褰鼻钩牙，穴出榛居。蓄怒而蟠，衔毒而趋。志蕲（qí）害物，阴妒潜狙。汝之禀受若是，虽欲为蛙为螺，焉可得已？凡汝之为恶，非乐乎此。缘形役性，不可自止。草摇风动，百毒齐起。首拳脊努，呥（rán）舌摇尾。不逞其凶，若病乎已。世皆寒心，我独悲尔。吾将薙（tì）吾庭，葺吾楹，窒吾垣，严吾扃（jiōng），俾奥草不植，而穴鄛（cháo）不萌，与汝异途，不相交争。虽汝之恶，焉得而行？——《宥蝮蛇文》

椎弯曲，两胁屈缩，只能蜿蜒爬行。双眼如马蜂毒虿，混行在泥路中。脖子忸怩畏缩，腹部欲进不前。鼻子上翘，牙如钩子，窝在洞穴里，活动在榛树丛。憋着恼怒四处盘旋，带着毒液急速爬行。一心想着害人，暗中嫉妒，偷偷窥伺。你天生就是这个样子，纵然想成为青蛙、海螺，又怎么可能？你犯下的所有恶行，都不是你乐意而为，只是由于你的形体是这样的，你被自己的天性控制着，想停也停不下来罢了。一有风吹草动，你便会生出百毒，头像拳头一样，脊柱拱起，甩动尾巴，吐着舌头。如果你不逞凶，反倒像是有了病。人们都胆战心寒，我却独自怜悯你。我要整治院落，修葺门庭，修缮院墙，拉紧门闩，不让院落长深草，不让墙垣有隙缝。你我各走各的路，互不相争。你尽管狠毒，却不能在我这里得逞。

唉，造物主为什么这么不仁慈呢？生成了你这样一种体质。既然本性如此，你又怎能不威胁他物？你能做的一切，不过是贼害无辜。阴阳二气错乱，假借你来发泄愤怒。我又怎能责怪你，又杀又打？我饶恕你，让你活在山野，你且去自求多福。那些手持砍刀的儿童，拿着铁锹的农夫，若你们不幸相遇，他们要除掉对自己的威胁，稍微用力一挥，你就应声烂为碎泥。尽管我让你活下来了，对你有莫大的恩典，可是别人的心未必跟我相同，谁会放过有罪的你？你又改变不了自己的形体，心中怎能产生悔恨？哎呀，可怜啊！你一定会被打死吧！你有毒，但你不知道，反而心中后悔。现在虽然我饶恕了你，以后谁又会给你恩惠？阴阳呀，造化呀，哪里有什么道理？怎能不让人心生悲伤？

由《宥蝮蛇文》可知，和韩愈一样，柳宗元对于凶残动物的态度同样

> 噫！造物者胡甚不仁，而巧成汝质！既禀乎此，能无危物？贼害无辜，惟汝之实。阴阳为戾，假汝忿疾。余胡汝尤，是戮是抶(chì)。宥汝于野，自求终吉。彼樵竖持芟，农夫执耒，不幸而遇，将除其害，余力一挥，应手糜碎。我虽汝活，其惠实大。他人异心，谁释汝罪？形既不化，中焉能悔？呜呼悲乎！汝必死乎！毒而不知，反讼其内。今虽宽焉，后则谁赍？阴阳尔，造化尔，道乌乎在？可不悲欤？——《宥蝮蛇文》

明　仇英《清明上河图》(局部)

是不杀、放生。比韩愈更进一步的是，柳宗元的态度多了一份仁慈或慈悲。这种情感大体有四个来源，一是儒家本有的仁爱思想的扩展，二是佛教众生平等观念的发挥，三是贬斥际遇激发的对于弱者的理解和同情，四是庄子的“阴阳为戾”的观念。柳宗元并没有把对凶残动物的同情仅仅局限于人心的仁慈和慈悲，而是进一步上升到道家、天道自然的层次，认为是阴阳造化错乱形成了这样的动物，人也是阴阳造化形成的，与人相比，这种动物更应该得到同情。从天道上看，大家应该是平等的，应该各居其所，相安无事。以上几种思想开阔了中华传统文化对于凶残类动物的认识。当代生态哲学所讲的对于自然不施加伤害的原则与这些认识是相通的。

想一想

1. 哪些动物你觉得是美的，哪些动物你觉得是丑的？为什么会有这样的感觉？

2. 动物有没有权利？如果有，为什么有？都有什么权利？我们如何保护动物的权利？

第七章

怎么对待植物？『泽及草木』

第七章

导读：新中国成立以来，我国植树造林取得很大成绩，但我国总体上仍处于缺林少绿状态。截至2022年，我国森林覆盖率仅占国土面积的24.02%，与约31%的世界平均水平以及不低于33%的生态平衡底线相比还有不小距离。如何善待植物，再造绿水青山，换来金山银山，提高生态环境容量是我国生态文明建设面临的艰巨任务。

对于善待植物，中华优秀传统生态智慧中有哪些可资借鉴和利用的理论资源呢？“万物莫善于木”是中华传统文化对于林木的认识；“爱人以及物”“泽及草木”“仁及草木”是中华传统文化道德地对待植物的主张。中华传统文化认为，一些植物具有神秘性、灵异性，是嘉禾瑞草，应对它们进行祭祀。在儒家理想的大同社会中，植物是一个重要的成员。这些都是具有时代价值，可资利用的生态智慧。

引子 程颐怎么惹恼了宋哲宗？

程颐曾经做过宋哲宗的老师。那时哲宗只有十来岁，还是一个不懂事的儿童。有一天刚讲完课，程颐还没有离开，哲宗突然站起来，靠着栏杆折了一条柳枝玩。程颐就进谏说："现在正是春天万物抽芽生长的季节，不能无缘无故地折断树枝。"哲宗听了，把树枝一扔，心里很不高兴。

> 子一日，讲罢未退，上忽起凭槛，戏折柳枝。先生进曰："方春发生，不可无故摧折。"上不悦。——《二程集》

宋 佚名《宋哲宗坐像轴》

一、仁及草木：用道德的态度对待植物

1. 方长不折、恩及草木

程颐的原话是“方春发生，不可无故摧折”。这句话典型地表现了我国古代珍重爱惜花草树木的生态智慧。程颐的话是有来源的。这个意思在《孔子家语》里被更为简练地表述为“启蛰不杀，方长不折”。当然，这种智慧有更为悠久的历史。最早表明“方长不折”态度的当数《诗经·行苇》：

敦彼行苇，牛羊勿践履。

方苞方体，维叶泥泥。

这几句诗翻译成为现代汉语是这样的：

路边芦苇一丛丛，请让牛羊别践踏。

枝条茂盛要成形，嫩芽初生亮晶晶。

这是《行苇》的第一段，照《诗经》的体例属于起兴。朱子说：“兴者，先言他物，以引起所咏之辞也。”这个先言的“他物”和引起的“所咏之辞”之间，其实是有内在的本质性联系的。起兴设置一个场景，把人带进来，由此表达人在自然中的存在，这叫情景合一，是天人合一的一种具体化形态。

我们现在学习《诗经》，多是把它理解为“诗”，但在中华传统文化中，

《诗经》首先是“经”，然后才是“诗”。《诗经》是《诗》《书》《礼》《易》《春秋》“五经”中的一部。“经”讲述的是日常道德规范，起性情教化的作用。《礼记》上说：“到一个国家，可以了解到它的教化的情况。如果这个国家的人性情温柔敦厚，那便是《诗》教的结果。”温柔敦厚的性情如何培养？从《诗经》表达的人与自然的关系中引申出道德教化的含义，是历代经学家解释《诗经》的方法。《诗经》里每首诗前都有一个说明这首诗的含义和写作意图的《小序》。《行苇》的《小序》把这首诗和周代的建立结合起来，指出它表达了周族忠诚笃厚的品德。周代之所以兴起，就在于它有仁德。孔颖达进一步解释说：“周家世世代代行为忠诚笃厚，能够把仁爱的恩情推及草木。对屑微的草木尚且爱惜如此，何况于人，一定会更加仁爱。周家因为有这种深厚的仁德，所以能够内亲睦九族，外敬养老人，征询他们的合理建议，施行到政治上，成就了周王室的福禄。”据说这首诗是成王时所作，赞美的是成王的仁德。商汤“德及禽兽”，殷商崛起；成王仁及草木，周代兴旺。“德及禽兽”、仁及草木，都表明了中华传统文化对于动植物的仁慈爱惜之情。对于“仁，爱人以及物”，唐代贾公彦指出：“仁者内善于心，外及于物。”“内善于心”是内心有善良的德性，“外及于物”是把这种善心推及世界万物。《行苇》诗是“爱人及于苇，苇即物也”。

周家积世能为忠诚笃厚之行，其仁恩及于草木。以草木之微，尚加爱惜，况在于人，爱之必甚。以此仁爱之深，故能内则亲睦九族之亲，外则尊事其黄发之耇，以礼恭敬养此老人，就乞善言，所以为政，以成其周之王室之福禄焉。——《毛诗正义》

清　邓文举《焦荫纳凉图》

明　仇英　《花岩游骑图》

从孔子的"方长不折"和《诗经》解释的"仁及于物"可以看出，程颐说的"方春发生，不可无故摧折"，渊源有自，底蕴深厚，表达了中华传统文化对于自然的一以贯之的仁爱之情。哲宗之所以不悦，还在于他虽然是皇帝，应该厚德载物，但毕竟还年幼，尚不具备懂得这些道理的心智。程颐只把他当皇帝教了，没把他当成儿童看，引起了他的逆反和嫌厌。这是程颐固执甚至迂腐的一个表现。哲宗后来亲政，把他发配到涪州编管，算不算发泄了一下早年的郁闷？儿童教育要用适合儿童特点的方法，生动活泼、不拘一格地启发诱导，古代儿童启蒙读物都有这样的特点。《千字文》中有"凤凰在竹林欢叫，白马驹在草场吃草。仁德之治惠至草木，利益遍及百姓"的诗句，明确地教育儿童把道德共同体从人推及动物、植物。

鸣凤在竹，白驹食场。化被（pī）草木，赖及万方。——《千字文》

2. 善待植物、德及上下

从上文可以推知，善待植物、促进其生长应该是德治善政的一部分，历史上古人也确实是这样认为的。《尚书》作为五经之一，又被称为《书》《书经》。据说“尚”是孔子加的，意思是“上”，即上古之书。《尚书》因为是上古帝王文告、事迹记录的汇编，所以对历代政治都有重要的指导意义。其中提出，一个社会有六种不好的现象，第一种是“凶、短、折”。照《汉书·五行志》的解释：“人夭亡叫作凶，禽兽早死叫作短，草木遭摧折叫作折。”“折”是因自然原因而倒断，不是被人为地折断砍伐。即便如此，在古人看来也是一种不好的现象。在《尚书》中，文王教告子弟：“惟土物爱，厥心臧。”这是说：“爱惜土地上生长的万物，是心地善良的表现。”孔安国解释说：“文王化育百姓，教导子孙，凡是土地所生的东西都要爱惜，这样心地会变得善良。”“暴殄天物”按照传统的解释，是“除人外，普谓天下百物、鸟兽草木皆暴绝之”。草木也属于天物的范围。《旱麓》说：“遥望旱山麓，榛树楛树多茂密。和乐平易的君子（也有一说指周文王），和乐平易得福禄。”春秋时期，单穆公就这首诗指出：“旱山山麓榛楛茂密，所以君子能够和乐平易地得到福禄。如果山林匮竭，管理林麓的政事荒废，薮泽的物产耗尽，民力凋尽，田地荒芜，财用匮乏，君子连忧虑危亡都顾不及，哪里还能够和乐平易！”这里的“君子”，泛指治理国家的人、统治者。单穆公所说的表明了林木财用对于国家安定的重要作用。所以，对于一个国家来说，什么是值得宝贵的？什么东西获得后能够让人们感到安定和乐？《国语》记载，楚国大夫王孙圉出使到晋国，赵简子问他，楚国的珍宝白珩还在不在，价值多少。王孙圉回答说，那不是楚国的珍宝。对于一个国家来说，有六样物事可称为珍宝。一是能够为各类事物制定规则，帮助治理国家的圣贤与君主；二是保佑国家五谷丰登，免受水旱灾害的玉；三是能够确定褒贬的神龟；四是能够镇灭火灾的珠宝；五是能够用来抵御外敌侵略的金属；六是能够为国家百姓提供财用的山林沼泽湿地。请注意，这里是把“山林薮泽”作为国家的宝物的。

瞻彼旱麓，榛（zhēn）楛（hù）济济。

岂弟君子，干（gān）禄恺悌。

——《旱麓》

夫旱麓之榛楛殖，故君子得以易乐干禄焉。若夫山林匮竭，林麓散亡，薮泽肆既，民力凋尽，田畴荒芜，资用乏匮，君子将险哀之不暇，而何易乐之有焉？——《国语》

围闻，国之宝六而已。明王圣人能制议百物，以辅相国家，则宝之；玉足以庇荫嘉谷，使无水旱之灾，则宝之；龟足以宪臧否，则宝之；珠足以御火灾，则宝之；金足以御兵乱，则宝之；山林薮泽足以备财用，则宝之。——《国语》

《汉书》上说："上至飞鸟，下到水虫、草木等各种物产，都受到仁德的恩泽，就会阴阳调和，四时平稳，日月光明，风雨适时，无水旱之灾。"照这里所讲，仁德对待的对象也包括草木。《汉书》所说有没有道理？从生态科学来看，气候条件与鸟兽草木等动植物的生存具有因果关系。道德地对待自然，环境就会美好，气候就会适宜，各类动植物就会生长顺遂。反过来说，各类动植物生长顺遂，则表明环境与气候条件适宜。

如何让植物实现自己的本性？那就要道德地对待植物，顺应它们天生的特点，为它们的生长提供有利条件，让它们得到充分发育，完成它们的生命周期或生长周期，实现它们的生命的丰富和完善。

德上及飞鸟，下至水虫草木诸产，皆被其泽。然后阴阳调，四时节，日月光，风雨时。——《汉书》

宋　戴泽《牧童图》

想一想

你是否有意无意地在风景区或什么地方折过柳条，掐断过枝梢？

二、嘉禾瑞草：灵异的植物

1. 嘉禾瑞草，应和气而生

古人认为，善待草木，大地就会生出各种祥瑞的植物。《礼记》上说，如果德至草木，即把仁德推及草木，地上就会长出朱草，树木出现连理枝。董仲舒也说，如果恩及草木，即把恩德推及草木，地上就会生出朱草，树木就会长得华美；相反，如果祸害树木，那么茂盛的草木也会枯槁而死。德至草木、恩及草木都是道德地对待各类植物。

怎么做到道德地对待植物呢？那就要尊重植物的生命，为其完成生长周期或生命周期提供适宜的条件；按照规定的时限砍伐树木，不乱砍滥伐。古人还说，将仁德推及苍天，则北斗七星、北极星会格外光明，日月会特别明亮，天降甘露。将道德推及大地，地上就会生出嘉禾、蓂荚和秬鬯。将仁德推至八极，天上就会出现景星。

嘉禾、蓂荚、秬鬯、朱草、连理木这些现象是存在的。嘉禾可能是遗传学上的变异，连理枝则是不同树木毗邻的两根枝干因风力作用相互摩擦，表皮被磨破后摩擦面生长在一起的现象。照古人所说，瑞应之物应和气而生，生于常类中而有异于常类的特性，所以才叫瑞应。“和气”其实就是良好的生态环境。嘉禾异木、珍禽异兽只有在生态环境良好的地方才会出现，这是符合生态学原理的，可见瑞应说是有生态意义的。瑞

德至草木，则朱草生，木连理。——《礼记》

恩及草木，则树木华美，而朱草生。

咎及于木，则茂木枯槁。——《春秋繁露》

德及于天，斗极明，日月光，甘露降。德及于地，嘉禾生，蓂荚（míngjiá）起，秬鬯（jù chàng）出。德至八极，则景星见。——《汉书》

瑞物皆起和气而生，生于常类之中，而有诡异之性，则为瑞矣。——《论衡》

应是气候适宜环境优美的表现，所以被赋予了美好的寓意，如连理枝被认为是爱情的象征。白居易诗说：“在天愿作比翼鸟，在地愿为连理枝。”儒家还认为，瑞应也是人间政治清明的表现。此说有一定道理。如前述，儒家政治思想中包含生态观念，不少统治者都追求瑞应，这促使他们用生态的态度对待自然。当然，历史上也不乏夸大瑞应，甚至为了迎合君主而人为地制造瑞应的情况，此又另当别论。

2. 移情：“岁寒，然后知松柏之后凋也”

儒家文化中，爱护植物还有一个可称为“移情”的神秘维度。所谓移情，就是把人的德性和植物的特点进行类比。在《论语》中孔子说，“岁寒，然后知松柏之后凋也”，把松柏耐寒的特点和人的刚直德性相类比。松、竹、梅被赞为“岁寒三友”。梅、兰、竹、菊被誉为“花中四君子”，代表四种君子人格。梅花傲雪，带一个“傲”，象征着君子应有的傲骨。空谷幽兰，清香幽静，象征着君子操守坚定，遗世独立，“乐则行之，忧则违之，确乎其不可拔也”。竹外直而中空，虚而有节，象征着谦谦君子，虚以受人。菊凌霜盛开，象征着“天行健，君子以自强不息”。陶渊明爱

北宋　赵佶　《池塘秋晚图》（局部）

菊，留下了“采菊东篱下，悠然见南山”“秋菊有佳色，裛（yì）露掇其英”的名句。高洁隐逸，不为五斗米折腰，是五柳先生的人格魅力所在，允为魏晋风骨之典范。五柳先生隐逸似乎有柔弱之性，唯有朱子慧眼独具地说，陶刚健。诚然！

周敦颐写过一篇《爱莲说》，鲜明地表达了文人热爱自然的情感。他说：“水中生的、陆地长的花草树木，惹人喜爱的很多。晋陶渊明唯独喜爱菊花。从李唐以来，人们大都十分喜爱牡丹。我则只喜爱莲花。它生长在淤泥里却能不被染脏，洗涤于涟漪中却不妖艳。它的茎中间贯通，外形挺直，既不弯曲蔓延，也不节外生枝；花愈远，香愈幽，让人神清气爽；它洁洁净净，亭亭玉立，只可从远处观赏，不可靠近亵玩。我认为，菊是花中的隐士，牡丹是花中的富贵人，莲则是花中的君子。唉！陶渊明以后，很少听说谁喜爱菊了；和我一样喜爱莲花的，又有谁呢？至于牡丹，喜爱的人多，也算是很自然的吧。”

水陆草木之花，可爱者甚蕃。晋陶渊明独爱菊。自李唐来，世人甚爱牡丹。予独爱莲之出淤泥而不染，濯清涟而不妖，中通外直，不蔓不枝，香远益清，亭亭净植，可远观而不可亵玩焉。

予谓菊，花之隐逸者也；牡丹，花之富贵者也；莲，花之君子者也。噫！菊之爱，陶后鲜有闻；莲之爱，同予者何人？牡丹之爱，宜乎众宜！——《爱莲说》

周敦颐是宋明理学的开山始祖，品格高尚，气度非凡，被赞誉“胸中洒落，如光风霁月”。这篇短文既是描写莲花，也表明了他的人格理想。隐逸离世而不承担社会责任，不是理学家的理想所在，但同流合污而苟取富贵，同样不是他们的追求。他们是入世的，要承担家国天下责任的，却又绝不与世俗混同，陷入污浊。他们是社会的一股清流，虚静无欲而正直率真。《爱莲说》中的空是虚，是无欲，无欲则心境宁静，操守坚定，不为外来诱惑扰动。这就是君子人格，圣贤气象。据说，周敦颐为官时，上司要置一个人于死地，命他罗织罪名。他坚决不从，说“如此尚可仕乎？杀人以媚人，吾不为也”，要挂冠而去，上司终究没能治成那个人的罪。二程兄弟曾经跟他学习，他教他们寻“孔颜乐处”，即寻求孔子和颜回所喜欢的是什么。他为官清廉，两袖清风，去世时，“钱不盈百”。他这篇文章明是说花，实则说人，这就是移情。中华传统文化对于花的特别的生态美学情感，促进了中华传统文化中生态意识的丰富和发展。

3. 祭祀树木、敬拜山林

在传统文化中，山林也是祭祀的对象。为什么要祭祀山林？《礼记》举出了两个理由，一是“兴云致雨”，一是“供给百姓财用”。古人认为山林是“神”。注意，这个“神”不是有形象的人格神，而是自然的知其然而不知其所以然的神奇、神妙、神秘的功用或作用。照《礼记》说：“山林、川谷、丘陵，能够产生云，形成风雨，出现各种奇异天象的都叫作‘神’，天子应该祭祀各种神灵。”孔颖达进一步解释说：“风雨云露，并益于人，故皆曰神。”由此可见，所谓“神”是自然产生的有益于人的风云雨露等自然现象。什么是“怪物”？乃是“云气之非常见者”，是“庆云”“祥云”，即美好的彩云，祥瑞的表现。

科学表明，山林有涵养和循环水分、调节气候、维持生态平衡的作用。古人观察到了这种现象，但限于认知水平，没有把它单纯地归结为自然现象，而是归结为“神”。他们用祭祀来表达对于山林的这种神秘作用的敬畏之情。这其实也是对生态的敬畏之情和对自然的感激之情。山林供给百姓财用，这是它的使用价值和意义。《礼记》《国语》等典籍在讲到祭祀的范围时说，日月星辰是百姓敬仰的对象，山林、川谷、丘陵是百姓取得财用的地方。不属于这些类别的，都不在祭祀之列。近代西

> 山林、川谷、丘陵能出云，为风雨，见（xiàn）怪物，皆曰神。有天下者祭百神。——《礼记》

方文化把上帝置于自然之上，把爱和感激的情感都给予了上帝，对于自然则只剩下征服和占有。基督教的上帝观念不及中国哲学的类似自然神论思想或泛神论思想有利于生态。《诗经》中有一首《甘棠》，记载召公在甘棠树之下决狱断案，公侯百姓各得其所无所纷争。召公去世后，百姓缅怀他，不愿砍伐那棵甘棠树。后汉王符赞叹“召公甘棠，人不忍伐”。《甘棠》说：

郁郁葱葱的棠梨树，
莫砍枝丫莫要伐，
召伯曾来住树下。

郁郁葱葱的棠梨树，
莫砍枝丫莫毁坏，
召伯休息在树下。

郁郁葱葱的棠梨树，
莫砍枝丫莫要拔，
召伯停驾在树下。

蔽芾 (fèi) 甘棠，勿翦勿伐，召（shào）伯所茇（bá）。
蔽芾甘棠，勿翦勿败，召伯所憩。
蔽芾甘棠，勿翦勿拜，召伯所说 (shuì)。

——《甘棠》

汉代以后，祭祀山林的做法已经非常普遍。《汉书・郊祀志下》说祭祀的对象是“天地神祇之物”，照颜师古所说，其中就有“山林之祇”。每当新帝即位，祭祀的对象总是包含山林。《后汉书》记载，光武帝刘秀即位，就曾广泛地祭祀天地、六宗和群神。“燔燎告天，禋（yīn）于六宗，望于群神。”“燔燎”是烧柴让烟气到达天空的祭天仪式。“禋”也是一种烧柴升烟的仪式。这里的“神”和《礼记》的说法一致，都是山林川谷能兴云致雨者。“六宗”照古文《尚书》的解释为天宗三、地宗三。天宗三

> 人非土不立，非谷不食，土地广博，不可遍敬也。五谷众多，不可一一而祭也。故封土立社，示有土尊。稷，五谷之长，故封稷而祭之也。——《白虎通义》

为日、月、星辰，地宗三为岱山（泰山）、黄河、海。日、月分别为阳、阴之宗，北辰为星宗，岱为山宗，黄河为水宗，海为泽宗。

与祭祀山林相近，古代也有祭祀谷神的传统，社稷坛就是祭祀谷神的地方。“社”是土地神，“稷”是五谷神。古人说：“人没有土地就无处立足，没有粮食就无物可食。土地广博，不可能一一敬到；五谷众多，做不到一一祭祀，所以封土立社，用来代表土地的尊贵。稷是五谷的代表，奉稷为神灵并进行祭祀，表示对于粮食的祭祀。”历代王朝的都城都有社稷坛，其位置是按照“左祖右社”的规矩，建在皇宫西边。各级地方政权也有祭祀社稷的场所。明清王朝的社稷坛在北京故宫西边，现在改称中山公园。

清 黄慎《春夜宴桃李园图》

想一想

你喜欢什么样的花草树木？这些花草树木和自己的性格有什么联系？

三、砍伐树木的原则与禁令：“伐木必因杀气”

孟子很早就对乱砍滥伐和过度放牧提出了批评！他曾经谈到，齐国国都郊区的牛山，林木茂密，但因为在郊区，经常遭到砍伐，茂密的森林消失了。虽然林木承受雨露滋润，日夜生长，也曾萌发出小芽，可是，又被放牧人的牛羊吃掉了，结果就成了光秃秃的样子。人们看到这濯濯童山，以为它未尝长过树木。其实这哪里是山的本性呢！

> 牛山之木尝美矣，以其郊于大国也，斧斤伐之，可以为美乎？是其日夜之所息，雨露之所润，非无萌蘖（niè）之生焉，牛羊又从而牧之，是以若彼濯濯也。人见其濯濯也，以为未尝有材焉，此岂山之性也哉？——《孟子》

1.“取之有时，用之有节”：砍伐树木的原则

的确，在古代，人们的衣食住行没有哪样是可以离开林木的，但又不能过度砍伐，否则会引发环境问题。古人认识到了这一点。孟子所说的就是一种自觉的环境意识。为了环境保持和资源利用之间的平衡，古人设

立了一项砍伐树木的原则，叫作“取之有时，用之有节”。用今天的话来解释，就是“砍伐树木要有时间限制，利用树木要有节制”。“时”又叫“时限”“以时禁发”，是禁止和开放砍伐的时间规定。在孟子的仁政理想中，有“斧斤以时入山林”的说法，即遵照时间规定进山伐木。在荀子的“王制”社会理想中，也有“山林水泽，按照时间禁止和开放，不收税”。如前所述，荀子说过：“圣王的制度要求，在草木开花、茂盛生长的时期，不准进山砍林木，为的是不过早地使它们伤亡，断绝它们的生长。……砍伐和生长都符合时限，山林就不会光秃秃的，百姓就会有足够的木材使用。”

制定时限原则的依据是“伐木必因杀气”，它背后更高的原则是尊重自然的生命、维护自然的生长，郑玄说这是“盛德所在”。用今天的眼光来看，这其实正是中华传统文化的生态性所在。古代有个官职叫“柞氏”，掌管砍伐林木。他规定每年允许伐木的起止日期，原则是维护树木的生长，让树木完成一个生命周期或生长周期。因为树木的生命周期很难确定，所以古人砍伐树木更多的是按照它们的生长周期来进行的。中华传统文化的自然观是春生夏长秋收冬藏，认为入秋以后，阴气主导，树木停止生长，相当于杀气产生。所以，伐木必须在秋冬之间进行，这叫“伐木必因杀气”。《礼记·月令》上说：“草木零落，然后入山林。”《毛诗传》更是明确地说“草木不折，不操斧斤，不入山林”，就是说，不到草木死亡时，不能进山砍伐树木。类似的内容广泛存在于《逸周书》《吕氏春秋》等典籍中，说明林木保护在古代是一项普遍的规定。

2. 虞官：草木管理的官职与律令

我国现在有生态环境部，古代有没有类似部门呢？照典籍记载是有的。《尚书》中的虞官，即相当于现在的生态环境部部长。《尚书》记载："舜帝问：'畴若予上下草木鸟兽？'佥曰：'益哉！'"意思是，谁能顺从草木鸟兽的特点，帮助我管理它们？大家都说伯益可以，舜于是任命伯益作虞。

清　董邦达《三希堂记意图》

大家要注意，舜的要求是“顺从草木鸟兽的特点”来进行管理，这是符合生态原则的管理方式。所谓顺从其特点，在古代是按照适宜草木鸟兽生长生存的方法进行管理，“取之有时，用之有节”。虞掌握法令的执行，百姓砍伐木材要受虞官的管理。所谓法令，即前面提到的时限。虞官一职得到了历代的继承，此职位在《周礼》中叫作“山虞”或“泽虞”。照郑玄的解释，“虞”有测度的意思，虞官要测知山的大小及其物产。《周礼》指出，山虞掌管山林的政令，按照物产的类别设立藩界进行保护，给守护和从事山林生产工作的民众设立禁令。禁令有很多。《周礼》中有一条：“仲冬砍伐山南面的树木，仲夏砍伐山北面的树木。……命令百姓遵照时限斩伐树木，砍伐有规定的持续期限。国家的工匠为公事进山挑选木材不在此限。百姓春秋期间有需要木材的，也不得在禁伐区砍伐。凡是盗伐林木的，一律施以惩罚。”限时是为了保护树木生长，限制天数是防止过度砍伐。《礼记·月令》上有很多关于砍伐树木的禁令，如：

孟春之月：祭祀山林川泽、禁止伐木。

仲春之月：不得焚烧山林。

季春之月：命令山林之官（野虞）恪尽监督职责，禁止民众砍伐桑树、柘树。

孟夏之月：不得砍伐大树。

季夏之月：入山行木，禁民不得斩伐，树木方盛，乃命虞人入山察看，禁止百姓斩伐树木。

季秋之月：草木黄落，乃伐薪为炭。

山虞，掌山林之政令，物为之厉而为之守禁。

仲冬斩阳木，仲夏斩阴木。……令万民时斩材，有期日。凡邦工入山林而抡材不禁。春秋之斩木不入禁。凡窃木者，有刑罚。——《周礼》

这些具有环保意义的礼制和法令的广泛施行，在历史上对保护我国生态环境起了重要作用，为中华文明的生生不息奠定了良好的环境基础。

四、植树造林，改善环境：“有事于山林”

1.“有事于山林”：植树造林

在春秋战国之前，农业发展还没有形成对自然的破坏。据考证，西周末年黄土高原的森林覆盖率仍有53%。但是，进入春秋战国以后，随着农业技术的提高，田地的开垦，人口的增加，城市的扩大，百姓衣食住行、婚丧嫁娶等日常生活消耗的木材日益增多，环境开始恶化。当时一些感觉敏锐的贤者观察到山川出云、山林兴云致雨的自然现象，认识到山林具有保持水土、提高降雨和维持气候平衡的生态作用，对于林木和草地等自然资源的过度开发提出了反思，并自觉地采取了较为系统的生态保护措施。

《左传》记载，昭公十六年九月，郑国大旱。子产让郑国大夫屠击、祝款、竖柎等对山做点事情，屠击等人砍伐了山上的树木。子产知道后说：“对山做点事情是让你们种树，你们反而砍伐了树木，罪过实在不小。”便褫夺了他们的封邑。从子产的话中可以看出，他已经正确地认识到了树木对于维护气候平衡的作用。汉代董仲舒在《春秋繁露·求雨》中说，春旱求雨的仪式是，水日那天县邑在社稷祈祷山川，百姓祭祀内门，“毋伐名木，毋斩山林”。“毋伐名木，毋斩山林”显然是对子产的认识的继承。

古人还积极地植树造林。植树造林在古代是一项政治要求，它的本质是自觉地增加财物供应，维持一定的生态平衡。《周礼》规定，百姓必须

子产曰："有事于山，蓺（yì）山林也。而斩其木，其罪大矣！"夺之官邑。——《左传》

明 仇英《松林六逸》

在自己的宅院种桑树，不种则罚出里布。“凡宅不毛者，有里布。”里布是用作货币的布，长二尺，宽二寸。汉代继承了这一制度。据唐代贾公彦所说，汉代规定，不种桑麻的人家不得衣帛，不植树的人家丧葬用的棺材不得有外椁。这些都是对于种树的硬性规定。周代规定人们从事的十二职事中，第二项是“树艺”，即培育园圃草木；第三项是“作材”，即使山泽中的林木生长；第五是“饬材”，即加工木材；第七项是“化材”，即妇女纺绩丝枲（xǐ，麻）；第八项是“生材”，按照郑玄的解释，即植养竹木，这五项都与植树有关。百姓的职事是贡九谷，圃的职责是种树、贡草木，包括葵、韭、果蓏之类。可以说，耕稼树艺一直是百姓的日常职责。

在中华传统文化中，先王之制有植树的要求，不按照规定植树，是亡国的征兆。周定王的卿士单襄公受委派出使宋国，途经陈国（今河南淮阳一带），发现其境内水泽没有加固堤防，河道没有修建桥梁，粮食露天存放没有收入库房，道路两旁没有树木。回到周朝王廷后，他对周王说，陈国就要灭亡了。先王之教要求，九月雨毕治道，十月河枯建桥，粮食入库。这些都是先王不用财货而德施天下的措施。周代制度要求，道路两旁要植树，标出道路；要设立馆舍接待来往使者，守护道路；国都郊外要有牧场，边境要有瞭望台，薮泽要有圃草，苑囿要有林木和水池，这些都是为了防御灾害。其余的地方没有不种粮食的。百姓的农具没有闲挂不用的，田地里没有深密的荒草。不妨碍农业耕种的时机，不轻视百姓的事情，百姓就会衣食有余而不匮乏，得到休息而不疲劳。国事有条不紊，百姓井然有序。到陈国，看不出道路在哪里，田里净是野草，百姓疲于逸乐。陈国废弃了先王之制，一定会灭亡的。单襄公的论述表明，植树属于周代制度，不植树是亡国的原因之一，这是值得重视的。

列树以表道，立鄙食以守路。国有郊牧，疆有寓望，薮有圃草，囿有林池，所以御灾也。其余无非谷土。民无悬耜，野无奥草。不夺民时，不蔑民功，有优无匮，有逸无罢。国有班事，县有序民。——《国语》

2. 辟草莱者服刑：禁止开垦草地为田

孟子还十分具有前瞻性地提出了反对开垦草地为农田的主张。战国时期，列国“争地以战，杀人盈野；争城以战，杀人盈城”。他提出：“善战者服上刑，连诸侯者次之，辟草莱、任土地者次之。”即喜欢发动战争的人应该受最严厉的刑罚，在诸侯之间纵横捭阖的人应该受二等的刑罚，那些开辟草莱、扩大耕地面积的人应该受三等的刑罚。“草莱”是免耕的荒地，在郊区。“辟草莱”，一般是放火焚烧，再用水浇，让草木灰渗透到地里，这样荒地就会成为肥田。孟子认为，当时各国缺乏的不是土地，而是仁政德治，所以，不务仁政而征伐拓地，罪莫大焉。他不是直接从生态的角度反对开辟草莱的，但他的说法从政治的角度维护了自然。

想一想

你有没有种植过树木，有没有参加过植树造林？

第八章

怎么对待土地山川？

恩至土地山川

第八章

导读：前面讲了动植物，接下来讲土地山川。和动植物一样，土地山川同样是自然的一部分，而且更加基础。因为不仅动植物，连人的生存都是依托于土地山川的。中华传统文化认识山水土地，有几个要点。首先，这些自然现象都是气的变化的产物，是气的运行的一种表现。气是流通的，山川大地都是气的流通的一个环节，天地万物，是一个有机的生命共同体。其次，“天地之大德曰生。”中华传统文化重视土地山川的使万物生长发育的功能，并且认为它们自身也是一个生命系统，所以要像对待生命那样用道德的态度对待土地山川，做到“恩至于土”“恩至于水”“恩至于金石”“德至山陵”，维持自然的健康生命。这种态度是符合生态原则的，具有超越时代的价值，是生态文明建设可以借鉴的有益思想资源。

引子 晋文公为何转恼怒为感谢?

中华文明是农业文明，对于土地的感觉是敏锐的，认识是深入的，感情是真挚的，态度是感恩的，善待是全面的。晋文公重耳还是公子的时候，遭遇家国之难在外流亡十九年。有一次因为饥饿向田里耕作的老农讨要食物，老农捧给了他一个土块。他恼怒异常，要鞭笞老农。同行的舅犯说，你要跪谢，这是上天给你土地的预兆。重耳跪谢，收起土块，驱车而去。孟子曾说："民为贵，社稷次之，君为轻。"社代表土地。漂泊他乡的人出行前都会从井里挖出一块泥土带上，这块泥土叫作"乡井土"。一块微不足道的泥土，淋漓尽致地展示了中华传统文化对故土、故乡、家园、天下国家的丰富而又深厚的情感。

清　查士标《山水十开之五》

一、“土，地之吐生万物者也”：中华传统文化对土地的生态性认识

“土”的含义十分丰富，可概举如下：与天空相对的大地，与山川相对的土地，与石头相对的泥土，与荒地相对的耕地，与地表相对的土壤（地里），与硬土相对的柔土，与生地相对的熟地，与固定的地相对的可移动的土，与他乡相对的故土，与外地相对的本土，与江山相对的河山，与江海相对的陆地，与他国疆域相对的国土，与海洋相对的陆地，与洋气相对的土气，等等。本书只讲可以耕作的土地。

1. 什么是“土”？什么是“地”？

与“土”意思最近的是“地”，地由土构成。这个地，可指耕地，也可指与天相对的地或与天空相对的大地。就前一种意义说，我国自然环境可用“六山三水一分田”来形容，天空之下真正的土地并不多。就后一种意义说，地或大地在中国古代语境中是一个与天面积同大的方形土地，正所谓“天圆地方”。大地上耸立着高山，流淌着河流。“地势坤，君子以厚德载物。”什么是“载物”？《中庸》说：“今夫地，一撮土之多，及其广厚，载华岳而不重，振河海而不泄，万物载焉。”《礼记》曰：“天无私覆，地无私载，日月无私照。”这里的“万物载焉”“无私载”都是“载

物”。既然大地承载着山脉河流，可见在这个语境、语脉或文脉中，大地和山脉河流是不同的。“地势坤”赞美的是与天空相对的大地，不是作为土壤的土地。与山脉河流相对的土地是可以耕作的地方。不过，土地还不就是农田，须经开垦才能成为田地或可耕地。前引孟子“辟草莱者服刑”，“草莱”就是用作草场、牧场的荒地。

大地是卑微的，它的功绩却是伟大的。人类的、自然界的一切的一切，都在大地的舞台上展开。大地是广博的、深厚的。它承载着、辅助着、孕育着、生长着、接纳着一切的一切，万物都生于大地而又复归大地。在此，大地的含义其实远远超出了土地。“天地之大德曰生”。地是大地，与天相对，苍天覆盖之下的都是大地，山脉河流本身也是大地的一部分，否则天地就不为天地了。地和天结合在一起构成自然或自然界。

2. 土、地、壤、田的生长功能辨析

中华传统文化是农业文明发展的产物，以耕作为依据，按不同特点把土地分为土、地、壤、田四类。《尚书》说“土爰稼穑”，就是说，土地的功能是耕种和收获。许慎在《说文解字》中对“土”字做了象形分析，指出土是能够生出万物的地。“土”字的“二”表示地上、地中，“丨”表示物从土地中生长出来。郑玄说，能生长出万物的叫作“土”。《文言》说：“至哉坤元，万物资生……含弘光大，品物咸亨。”“资生”就是帮助万物生长；“品物咸亨”，即各类生物生长都很顺利。《中庸》说“人道敏政，地道敏树”，指出用合适的人推行政治，就如同植树一样成效迅速。这里讲的是政治，却是以对土地与草木的生态认识为基础的。

“地”由土构成。一般而言，土就是地，地就是土。但是“地”重点

表达的是土地的承载和生养功能。《释名》说："地，底也；其体在底下，载万物也。"《说文解字》说，地是"万物所陈列"的地方。《白虎通义》说，地的含义是变化，万物在土地中得到孕育，获得滋养而发生变化。

土与地还有一些重要的区别。土是个体的、散碎的，地则是整体的；土是可以移动的，地则不能，所以房地产叫"不动产"。因为土是可以移动的，所以有"兵来将挡，水来土屯"之说。又因为土是可以移动的，所以在"五行"中的是土而不是地。因为"行"的一个含义是"运动、运行"，而地的特点是固定，与"行"相矛盾。"壤"也是土，是土的瓤，即地表层下的土，特别指经过人工培育适合耕种的土。古人把壤看作柔土，即颗粒细小，质地柔软、疏松，适合种植的土地。郑玄说，土就是"吐"，从万物自生的角度说是土，从人工耕稼种植的角度来说是壤。可见，与

地，元气之所生，万物之祖也。地者，易也。言养万物怀任，交易变化也。——《白虎通义》

以物自生言言土，以人所耕而树艺言言壤。——《说文解字》

土、地相比，壤是经过人工培育适合耕种的土。中华古代对于壤的认识是符合现代科学的。据科学的定义，土壤指地球表面一层由各种颗粒状矿物质、有机物质、水分、空气和微生物等组成，能够生长植物的疏松的物质。康芒纳说："土壤是一个广阔复杂的生态系统，是多种微生物、动物和植物之间取得错综复杂的平衡的结果，它是在一个长时间内建立起来的物质基础上活动的。"[1]

在中华传统文化语境中，不从土地的质地构成，而从它的量的单位上说，壤就是田。田是经过人工培育可以耕种的整块土地，其中有阡陌沟渠。《说文解字》提出，种植五谷叫作田，田是个象形字，从口从十，像田地中道路纵横的样子。郑玄也说，地在阴阳之间，能生长万物的叫作"土"，经过人工培育能够耕种的叫作"田"。古人通过焚烧土地上的草木，然后浇水，使草木灰渗入土地，由此获得可耕地。一年的田叫作"菑"。"菑"即灾害，是灾杀草木而获得的生田。二年的田叫作"新田"，即经过一年的耕种已经成为土质柔和的田地了。三年的田叫作"畬"，指经过几年耕种，土壤性质已经十分柔和的土地。

树谷曰田。象形。口十，阡陌之制。——《说文解字》

地当阴阳之中，能吐生万物者曰土。据人功作力竞得而田之，则谓之田。——《尚书正义》

① 巴里·康芒纳.封闭的循环——自然、人和技术[M].侯文蕙，译.长春：吉林人民出版社，1997：18.译文有改动。

3.“和实生物”：土在万物生长中的基础性作用

《中庸》讲天地之道“生物不测”。《尚书》说“土爰稼穑”。《国语》言“地之五行，所以生殖也”。土地在万物生长过程中的作用是基础性的，万物通常在土壤中才会更好地生长。《国语》又说：“和实生物，同则不继。”“和”即不同元素混合与融合，“同”则是同一种元素的量增加。《国语》接着指出：“把一种事物与另一种事物相结合叫作‘和’，事物得到丰

南宋 马远《踏歌图》

富和生长，各种事物前来归附。如果只是把一种东西添加到同一种东西里面，那就什么新东西也得不到，最后只能抛弃了。所以，先王用土与金木水火混合，形成了各种事物。”五行也叫“五材”，即五种不同的材料。从《国语》的论述可知，土在生成万物中的作用最为基础，其他事物通过与土结合生成新事物。生态科学认为，生态是万物和谐地生长的状态，生长其实是可测量的能量转移过程。太阳的能量被大地吸收，长出基本生产者草木，在草木的基础上生长出第一级消费者食草类动物，在食草类动物的基础上长出第二级消费者食肉类动物，与此相伴的还有细菌等分解者。基本生产者、第一、二、三等级消费者形成食物链关系，分解者把动物尸体等分解后令其复归土地，偿还为土地的营养，为基本生产者提供生长条件。这样形成一个循环。在这个过程中土地的作用最为基础，它接收太阳的能量，为基本生产者提供场所、热量、营养。最后，它又接收分解者的分解物，转化为肥料，为下一个循环提供基础。所以，“土地并不仅仅是土壤，还是能量流过一个由土壤、植物，以及动物所组成的环路的源泉。食物链是一个使能量向上运动的活的通道，衰败和死亡则使它又回到土壤。这个环路不是封闭的，某些能量消散在衰败之中，某些能量靠从空中吸收而得到增补，某些则贮存在土壤、泥炭，以及年代久远的森林之中。这是一个持续不断的环路，就像一个慢慢增长的旋转着的生命储备处。”[①] 现代生态科学、生态哲学越来越倾向于认为，土地也是有生命的。“不能再把土地只当成物体，是‘死’的，可被人们随心所欲地利用和改造。土地应被看成有机体，有健康与不健康之分，它会

① 奥尔多·利奥波德. 沙乡年鉴 [M]. 侯文蕙，译. 长春：吉林人民出版社，1997：205.

受到伤害，也会死。”[1] 我们提倡维持自然的健康生命，具体到土地，就是要维持土地的健康生命。利奥波德曾经提出建立“大地伦理学”，我是赞同的。

想一想

1. 你有没有赤脚走在土地上的经历？如果有，是什么感觉？

2. 你有没有亲自种过什么？

3. 土地死亡的标准是什么？状态是怎样的？请观察自然，看看哪些现象可以说是土地的死亡。

① 戴斯·贾丁斯．环境伦理学 [M]. 林官明，杨爱民，译，北京：北京大学出版社，2002：21.

二、“夫山，土之聚也”：中华传统文化对山脉的生态性认识

山对我们来说意味着什么？

一位长者生前曾跟我说，在他的老家珲春，出门就是山，他打小没出过山。他1950年到北京大学上学，见北京地势平坦，连个坡都没有，更别说山了，觉得心里空荡荡的，双脚好像没有踩到大地上，身子似悬空一般，没有着落。直到有一天，他不经意间从宿舍楼四层瞥见了香山、西山，顿时觉得踏实了，身体好像有了依托。这段话给我的印象很深，几十年来常促我思考，山对生活在大山里的人们意味着什么？平原对生活在旷野平畴的人们意味着什么？故乡、故园、故土、故国对离井背乡、漂泊流浪的人们又意味着什么？

1. 什么是山？“夫山，土之聚也”

中华传统文化理解山脉和理解土地一样，是从气的流行出发的。《国语》说：“夫山，土之聚也。”《尔雅》解释说：“土高有石曰山。”这两个说法作为山的定义，很直观，也很浅显。荀子在《劝学》中指出：“积土成山，风雨兴焉。”“兴”是起的意思。风雨是气的两种表现，“风雨兴焉”是气的运行。《说文解字》解释“山”字说：“山，宣也，宣气散，生万物。有

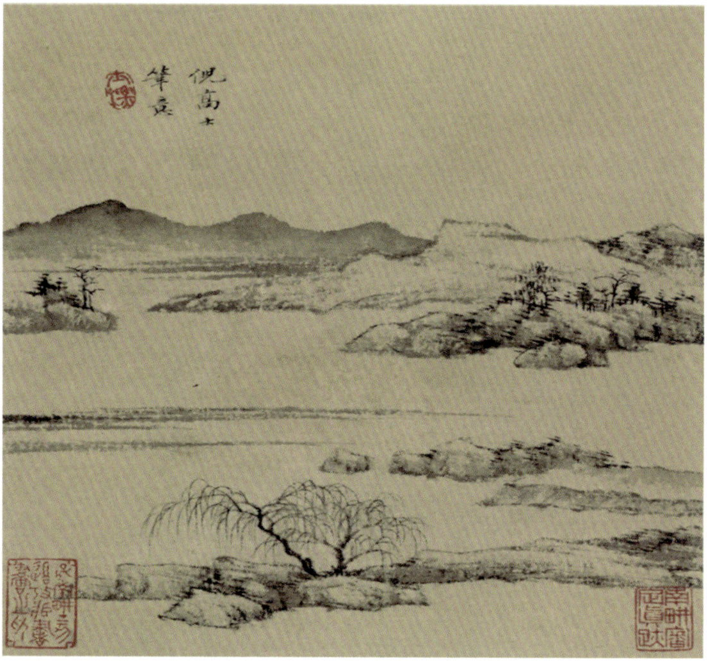

清 查士标《山水十开之九》

石而高。象形。”“宣气”这个词很重要，在前文“里革断罟匡君”的典故中出现过。照《康熙字典》的解释，“宣”有通、散、疏通、泄的意思，“宣气”即气的流通。古人认为，阴气凝聚在土地和山脉之中，适时地宣泄、散发出来，与自天而降的阳气会合，阴阳相交，万物才能孕育和产生。所以，山脉不是一堆僵死的土石堆积，而是气的运行凝聚的一站，是活生生的。凝聚并不是固定在那里，而是不断地运行和散发出去的。这就是“宣气”。《礼记》说，山川是天地通气的孔窍：“天秉有的是阳气，垂示给我们日月星辰的天象。地秉有的是阴气，以山脉和河流作为发散的通道，天地把金木水火土五行之气布散于一年四季之中。”关于山川的宣气作用，还有《礼记》的“天降时雨，山川出云”、《易传·说卦》的“天

天秉阳，垂日星，地秉阴，窍于山川，播五行于四时。——《礼记》

地定位，山泽通气”等说法。“时雨”是降雨适时，该降就来，不该即霁。山川出云的自然现象，笔者有亲身经历，略记如下。

荀子说：“积土成山，风雨兴焉。”信哉斯言！百望山、玉泉山、香山，都在北京的西北郊，属于西山的余脉，都不高。最高的香山，也不过海拔575米。说是小山，不能算委屈了它们。

可是，山就是山，小山也起云。这几天北京连续下雨，时而瓢泼倾盆，时而淅淅沥沥。基本没起风，有时有点儿，也很小。尽管是夏天，却没动过一次雷。雨下得很安静。

雨中的百望山、玉泉山、香山显得暗，有时简直就是黑色的，和晴天丽日时的翠绿耀眼截然不同。从这些山上的树丛中，弥漫地升起白色水汽。雨大时，山上升起的云和山一样多，整片地覆盖着全部山顶，如给山铺了一层棉被。雨小时，云不是从整个山顶升起，而是这一团、那一簇地从各处树丛中冒出来，安静地、缓缓地向上飘，最终离开了山，慢慢地和低空的云连在一起，变成了云。变成云后，水汽就不再属于山，而是属于天了。和云一样，水汽也变成了暗色、黑色的，随风飘着，酝酿着再次变成雨回到大地。这种景象，就是《礼记》上说的“天降时雨，山川出云”吧！越看越觉得不可思议，果然是“阴阳不测之谓神”啊！看来，山不在大，是山就能起云。

数年前，我曾驱车行进在南方的山路上。雨过初晴，云雾缭绕，我忍不住停车步行，徜徉在云雾中，想起了杜甫的“荡胸生层云”，奇妙的感觉油然而生。如今，“山川出云”这种平常在南方才能见到的景象，在北京也见到了，很是惬意。所谓“水木自亲”，大概就是这样的情境吧。

清　查士标《山水十开之二》

大家看，中华传统文化并非遥不可及的，也非深不可测的，而是贴近生活、亲切宜人的，需要的是我们的细心和留意。处处留心皆学问。学的东西和日常生活观察对应起来后，经典的内涵、底蕴就慢慢地丰富起来，呈现出来了。“涵泳功夫兴味长”，生活体验是对经典的丰富意蕴的展开和领会。

2. 仁者为什么乐山？

传统文化用“宣气”来说明山，是为了进一步说明山的孕育生长万物的功用。山其实是大地的一部分，“天地之大德曰生”中的天地包括山。所以，《春秋说题辞》讲：“山之为言宣也，含泽布气，调五神也。”《释名》曰：“山，产也，言产生万物。”《中庸》说：“今夫山，一卷石之多，及其广大，草木生之，禽兽居之，宝藏兴焉。”说到底，山是一个万物生生不息的场所。《论语》记载孔子说：“有智慧的人喜欢水，有仁德的人喜欢山。有智慧的人是灵动的，有仁德的人是宁静的；有智慧的人是快乐的，有仁德的人是长寿的。”为什么有仁德的人喜欢山？《韩诗外传》解释说：“山是百姓仰望的对象。里面生长着草木等各种各样的植物，飞鸟在这里栖止，走兽在这里生活，四方百姓从这里取木材，获得利益。山还能酝酿云，通畅风。山耸立在天地之间，天地因山而形成，国家因山而安定。这就是为什么仁者乐山。《诗经》说：‘巍峨高耸的泰山，是鲁国人所瞻仰的。’这就是乐山。”《韩诗外传》所说的未必是孔子的意思，但这并不重要。重要的是，它的作者把仁者乐山的原因归结为山具有为百姓提供各种财用的经济功能和维持国家稳定的社会功能，又进一步归结为山具有孕育生长万物，保持自然的完整性的生态功能，这显示了中华传统文化对于山的生态性认识和生态保护的态度。

问者曰："夫仁者何以乐于山也？"曰："夫山者，万民之所瞻仰也。草木生焉，万物植焉，飞鸟集焉，走兽休焉，四方益取与焉。出云导风，嵸（sǒng）乎天地之间。天地以成，国家以宁，此仁者所以乐于山也。"《诗》曰："太山岩岩，鲁邦所瞻。'乐山之谓也。"——《韩诗外传》

想一想

你是喜欢山，还是喜欢水？理由是什么？

三、“川，气之导也”：
中华传统文化对河流与水的生态性认识

跟对土的认识一样，作为一个农业大国，我们对河流与水的认识也是十分深入的，也主张用道德的态度对待它们。五行，水居其一。《汉书》记载，汉代李寻提出，“五行以水为本”，表达了古人对水的重视。关于河流与水的重要认识，还有“川，气之导也”“国主山川”“川竭国亡”“水几于道”等命题。关于道德地对待河流，有“恩及于水”“德及深泉”等命题。

我们先看一个历史故事，鲁宣公十二年，晋楚发生战争。晋国将领荀首占卜，得师卦（䷆）变为临卦（䷒）的结果，认为这意味着出师不利，后来果然失败。这究竟是怎么回事?

1. 河流与水的文化生命

河流不仅是自然现象，而且是人类文明史的一部分，具有文化生命。河流的文化生命是河流作为人类精神生活的根源和对象，积极地启示、影响和塑造社会风土人情、人类精神生活、文化文明发展史的生命力。

河流是通过审美进入人类精神生活从而获得文化生命的。马家窑等文化遗址出土的彩陶上的水波饰纹是古人对于自然的抽象再现。再现的自然已不是自然，而是思维的创造，属于独立的精神世界。水波饰纹的出现表明河流的文化生命已经形成。生产力发展水平越高，河流的文化生命的意义越大，内涵也越丰富。在中华传统文化中，河流的文化生命在语言文字、哲学、人生等方面都得到了丰富的表现。

中国国家博物馆藏马家窑文化彩陶涡纹四系彩陶瓮

语言文字是文化的基础。《说文解字》是东汉许慎编著的我国第一部字典，收录了9353个汉字，其中水部文字469个，约占5.01%；加上川部、泉部、永部等，则有522个，约占5.58%。我们把与水相关的文字统称为“水系文字”。从词汇上看，水系文字在汉语中的基础地位十分明显。从思维的抽象性出发，可以把水系词汇分为五个级别。第一级是专名，只有一个明确的对象，如“江”“淮”“河”“济”古称“四渎”，都是专名。第二级是与水相关的动词，如“冲”“澄”“净”等。第三级是普遍名词，如“河”原本指黄河，后来泛指一切河流。第四级是描述水的性质的抽象词汇，如“清”“泓”等。第五级是哲学概念，如“永”属水部，原指水长，引申为“永远”“永恒”后，便进入哲学思维的范围。词语可以在不同级别之间穿越。同一个词语可以属于不同级别，词义也可以引申。如“清”，可以从形容水清发展为描述人的清廉、清高等，这种发展是水系文字的文化生命力的扩展。

河流构成了中华民族对于民族之根和哲学思维的原始向往与执着追

宋 佚名 《江村图》

求。“河出图，洛出书”，“河图洛书”成为一个文化符号，深刻地启发着中华民族的哲学思维和文化心理。黄河文明、长江文明都是沿着河流展开的。水在哲学思维中扮演着至关重要的角色。《周易》被称为“群经之首”，八卦中坎卦为河水、一般的水；兑卦为泽，也是水的一种。箕子向周武王陈述经国大计，以水为五行之首。中国古代和西方的哲学家在追寻世界的本原时，都不约而同地想到了水。古希腊哲学家泰勒斯说“水是万物之源”，《管子·水地篇》也提出：“水者何也？万物之本原也。”

河水日夜流，激发了多少哲人的灵感。赫拉克利特说“人不能两次踏进同一条河流”，他又从变中认识到不变，提出了“永恒”的问题。流动贯通永恒，恰是河流文化生命的深度延伸。

水与人生的关系也十分密切。在《老子》中，“水几于道”，人生终究是以道为准则的。老子谈到的不少人生道理，如守柔处下、不满不盈、清心寡欲、心如止水都来自水的启发。孔子的“知者乐水，仁者乐山”更是千古名句。民谣说“沧浪水清，可以濯缨；沧浪水浊，可以濯足”，孔子以此警示弟子：“皆自取也。”此外，河流在寄托思绪、抒发情感方面也发挥着重要作用。

河流的自然生命是文化生命的本体基础。河流消亡了，它的文化生命也就随之消亡。河流只有健康地存在着，才能积极地启示、影响和塑造人类精神生活。河流生命的健康存在，既要保持一定的水量，又要维持一定的水质。一条泛着黄沫散发着臭味的被污染的河流，无论如何都无法成为人们精神生活的源泉，激发人们的审美情感。

随着工业和科技的发展，自然对于人类的限制越来越少了，人类获得了空前的自由。但城市化和工业化消耗了大量的水，水污染日趋严峻，如果没有保持一定量和质的水，我们连生存都无法维持，遑论发展。《史记》说道："伊、洛竭而夏亡，河竭而商亡。""川竭国亡"揭示了文明对于自然的依赖，也表明与自然保持和谐关系是人类文明的根本支撑。

2."川壅为泽"：水不流动的后果

古人对于水的认识是深入的，把水分为静止与运动、一般和具体等不同类别。八卦是对八种自然现象的摹状，涉及水就有坎、兑两卦。这种认识，反映了中华民族上古时期水环境的复杂与多样。夏商周时期，水源丰富，有河流、湖泊、沼泽、湿地、溪流、降雨、洪水等，这些不同来源的水给中华民族的生存既提供了条件，也形成了挑战。中华民族是个治水的民族，治水的实践及经验反映到《易经》中便形成了八卦中两种水并存的思想。坎卦的卦象是☵，表示一般的水、抽象的水、流动的水、河水。兑卦的卦象是☱，表示具体的水、静止的水、沼泽湖泊的水。兑从卦象上看是"坎水半见"，即一半的坎水。《国语》中说："泽，水之钟也"。"钟"是聚集，泽是水的汇集，类似今天我们所说的湿地、沼泽。《风俗通义》说道："泽是水草交错的地方，之所以叫作'泽'，是因为泽水能够润泽万物，给百姓增加财用。"

由于坎代表的多为河水、一般的水，所以在六十四别卦中又常常为

> 水草交厝，名之为泽。泽者，言其润泽万物，及阜民用。——《风俗通义》

流动的水，而兑代表的泽水则为固定的、静止的水。如前所述，在中华传统哲学中，通与不通存在根本差异。流动是通，具有生命力；静止则是不通，为“壅”“滞”，不具有生命力。符合生态原则的状态是通，通意味着生，壅则意味着死。

现在可以回到本节开头提到的那个有趣的故事了。鲁宣公十二年，晋楚交战。晋国将领荀首占得师卦（䷆）变为临卦（䷒）的结果。“变”为

明 仇英《修竹仕女图》

“变卦”。师卦初爻由阴变为阳，这样师卦即变为临卦。荀首认为这意味着出师不利。师下卦（内卦）是坎，取象为水；上卦（外卦）是坤，取象为地，卦象是地中有水。临卦的下卦为兑，取象为泽；上卦也是坤，卦象是地中有泽。坎水是流动的，泽水不流动，师卦变为临卦，水由流动变为不流动，此即“川壅为泽”。师是众多的意思，临的下卦兑又取象为少女，少女柔弱。所以，师变为临即“众散为弱”。荀首说，军队出动应该有严格的纪律，否则就会遭遇凶险。事情顺利成功为“臧”，不顺利失败为“否”。师变为临，是“众散为弱”“川壅为泽”。纪律号令严明，士兵行动步调一致如一人，这叫作“律”，否则，法令纪律的作用就丧失了。本来是充盈的，现在失去了；本来是整齐的，现在纷乱了，所以结果变为凶。不能如愿叫作“临”；有帅而官兵不服从，可谓“临”之极了。后来两军相遇，晋军果然大败。当然，占卦和胜败之间未必有必然的联系。晋军失败，关键还是纪律涣散，兵不从帅。我们这里的重点是看水的流

> “《周易》有之，在《师》䷆之《临》䷒，曰：‘师出以律，否臧，凶。’执事顺成为臧，逆为否。众散为弱，川壅为泽。有律以如己也，故曰律。否臧，且律竭也。盈而以竭，夭且不整，所以凶也。不行之谓《临》，有帅而不从，临孰甚焉。”——《左传》

动和静止的不同意义。

3.“丽泽，兑，君子以朋友讲习”：水流动的意义

八经卦有兑，六十四别卦也有兑 ䷹，卦象是下兑上兑 ䷹。经卦兑取象为泽，所以别卦兑取象为二泽相连。经卦只是一个单独的泽，不能流通。别卦是两个泽，二泽相连，即产生了流通的含义。“通”和“不通”意义大不相同。通具有生机，能够产生生命。兑是两泽相连，所以判断此卦吉凶的卦辞说：“兑：亨，利贞。”意思是说，兑卦是亨，通顺，以坚守正道为有利。贞，是正，坚贞。兑又是“说”（yuè），喜悦。前文说过，泽是润泽万物。

《易传》中有一篇《说卦》，内容是说明六十四卦卦名的含义。其解释兑说：“说（悦）万物者，莫说乎泽。”孔颖达对兑卦的卦辞做了这样的解释：“泽滋润万物，万物无不欣悦。用于人事，相当于君主施加恩惠，

> 泽以润生万物，所以万物皆说（yuè）。施于人事，犹人君以恩惠养民，民无不说也。惠施民说，所以为亨。以说说物，恐陷谄邪，其利在于贞正。——《周易正义》

养育百姓，百姓无不欢欣喜悦。施惠于民，民心欢喜，所以为亨通。但若一味地以悦来让万物高兴，也有陷入谗邪的危险，所以要坚守正直，才能顺利。”

两泽相连产生流动与互通的含义。解释兑卦卦象的《象辞》说：“兑是泽水相连，君子看到这样的卦象，应该和朋友讲习切磋，相互砥砺。丽，与‘连’相同。再没有比朋友相互讲习更加令人喜悦的事情了。”今天所谓“交流”，即源出于此。中华传统文化认为，朋友间相互切磋讲习，提高德性，是一件令人高兴的事情。所以，曾子说：“君子以文会友，以友辅仁。”荀子说：“独学而无友，则孤陋而寡闻。”

《象》曰：丽泽，兑。君子以朋友讲习。丽，犹连也。施说之盛，莫盛于此。——《周易正义》

4.“逝者如斯夫，不舍昼夜”，孔子感慨的是什么？

水启发人的精神认识。《论语》记载，孔子在河边，望着奔流不息的河水，发出感叹：“逝者如斯夫，不舍昼夜。”孔子感慨的是什么再也回不来了？古人的解释多为时间，认为孔子感慨岁月、时光的流逝，就像东去的河水，日夜不停。“百川东到海，何时复西归?”这样说从表面看未见不妥，但若仔细想，则恐怕还不止如此。孔子感叹的不仅是时间的流逝，更主要的是附着在时间上的整个岁月、人生和生命的流逝。“逝者如斯夫”是孔子对自己的社会理想未能实现的感慨，是对“吾已矣夫”的无奈。

明　仇英　《临河而返图》

“五十而知天命”“不知命无以为君子”。理想虽丰满，现实却骨感。社会理想不能实现，于孔子而言大概也算是天命吧，所以他临河而叹。

对于“逝者如斯夫”的解释，孟子、荀子、董仲舒、朱熹等人做了不少发挥，未必都是孔子的本义，但这些不同解释恰好展示了水不断深入地启示人们精神生活的历史过程。这里介绍一下荀子的解释。

《荀子》记载，孔子站在河边，注视着东流的河水。子贡问：“君子见到浩浩荡荡的河水一定要观看，这是为什么？”孔子说：“浩大的流水，普遍地帮助万物生长，却并不据为己功，如同德。它总是百折不挠地遵循规律流向低处，好似义。它又深又广无穷无尽，正如道。如果有人掘开堤防，它便会奔腾向前，就像回音应和声音一样迅速。它奔赴百丈深谷也不惧怕，类似勇。它途经坑洼一定流满后再往前行，恰如法度。它注孔子观于东流之水。子贡问于孔子曰："君子之所以见大水必观焉者，是何？"孔子曰："夫水，遍与诸生而无为也，似德；其流也埤（pì）下，裾（jū）拘必循其理，似义；其洸洸乎不淈（gǔ）尽，似道；若有决行之，其应佚若声响；其赴百仞之谷不惧，似勇；主量必平，似法；盈不求概，似正；淖约微达，似察；以出以入，以就鲜絜，似善化；其万折也必东，似志；是故君子见大水必观焉。"——《荀子》

满容器，不必用刮板就能成为平面，好似正直。它虽然柔软却能达到所有细微的地方，如同明察。各种东西经过水的淘洗，便渐趋鲜美洁净，恰似教化。它千曲万折而一定向东流去，犹如意志。所以，君子看见浩大的河水，一定要认真地观看它。"

荀子讲的更多的是君子为什么喜欢水，而不是孔子为什么临水而叹。他其实是借孔子临河而叹说明了古人对水的认识。这个说明，换个角度看就是水对于人的精神的启发。

5.“水曰润下”与“水不润下”

五行是殷周之际纣王的叔叔箕子提出来的。纣王不听劝谏，国破家亡。周武王走访箕子，咨询治国理政大计。箕子向他陈述了五行的道理。五行不仅是人们对自然的性质与运行规律的认识，也是对治国理政的经验教训的总结。

“水曰润下”的“润”说明的是水渗透、浸润土壤的性质，这是水不同于其他四行的显著特点。正是因此水才能被用来灌溉土地，滋润农作物。说到“滋润”，“滋”照《说文解字》的解释：“益也。从水，兹声。”“益”是增加。照笔者的经验体会，“滋”可能是个象声字，是水浸入干涸的土地时发出的“滋滋”的声音，“润”是浸湿，“滋润”合起来是水渗入并浸湿干涸的土地。水浸润土地的过程也是土壤吸收水分的过程。因为水的滋润是渗透性的浸润，所以，它的方向是弥漫性的，不单纯是从上到下，也可以把低处的水吸收到高处。同理，土壤或者地壳中的水不是沿平面分布的，而是在不同的地区处于不同的高度。“山长水长”，山有多高，水就会有多高。山区打井，并不需要把山打穿到地面，再继续往下打到和平原地区地下水位相同的地方才见到水，甚至根本不用打

> 简宗庙，不祷祠，废祭祀，逆天时，则水不润下。——《汉书》

井，山泉就会汩汩涌出。当然，能够涌出山泉的山，一定林木茂密。若是濯濯童山，则不能含藏水分，要想涌出潺潺流水，也难。

汉代人对于“水曰润下”的看法更为全面，指出水还会“不润下”。《淮南子》认为：“积阴之气为水。”《汉书》引伏生的《尚书大传》说：“如果忽略、怠慢宗庙，不到祠庙祈祷，荒废祭祀，违背天地四时运行的规律，水就会不润下。”这里的关键是违背天时。天时是自然运行的节奏，

清　查士标《山水十开之三》

水，北方，终臧万物者也。……王者即位，必郊祀天地，祷祈神祇，望秩山川，怀柔百神，亡不宗事。慎其齐戒，致其严敬，鬼神歆飨，多获福助。此圣王所以顺事阴气，和神、人也。至发号施令，亦奉天时。十二月咸得其气，则阴阳调而终始成，如此则水得其性矣。若乃不敬鬼神，政令逆时，则水失其性。雾水暴出，百川逆溢，坏乡邑，溺人民，及淫雨伤稼穑，是为水不润下。——《汉书》

最为典型的是四季。天时不同，对人的行为的要求也就不同。古人很重视“时”，“时令”“月令”都是对人应该做的事情的时间规定。水不润下即“水失其性”，不能顺利分流，酿成洪涝灾害。《汉书》解释说：“水在方位上属于最终收藏万物的北方。……君王即位，必须在国都郊区祭祀天地，向天神地祇祈祷，遥拜名山大川，安抚各方神灵，无不恭敬。君主须慎重地斋戒，向山川鬼神表达崇敬之情，这样鬼神才能安心地享受祭品，君主才能多多得到神灵的庇护和帮助。这都是圣明的君王顺从阴气，调和人神关系的措施。君王发号施令，也应遵循天时，使十二个月份都能够得到应得的气，阴阳调和而事物善始善终。这样，水才能按其本性发挥作用。如果不敬奉鬼神，政令违背天时，那么水就会失去其本性。诸如大水暴涨，弥漫天际；百川倒流，冲出河岸，毁坏乡村，淹死人民；暴雨连绵，伤害庄稼；都是水不润下的表现。”顺从阴阳、调和阴阳、尊奉天时，都是天人合一思想的具体表现。

6.“川，气之导也”

什么是河流？我们看一下百度的定义：“地表水在重力作用下，经常（或间歇）沿着陆地表面上的线形凹地流动，称为河流。”这个定义其实并不十分科学，它只是浅显地说明了河流是水沿着地槽流动的现象，并没有进一步说明河流的环境和生态意义。河流具有重要生态作用。首先，河流是自然界水循环的重要部分，水循环则又是生态圈的重要组成部分。其次，河流自身也构成一个包括沼泽、湖泊、湿地在内的生态系统。河水、湖泊、湿地中生存着种类繁多的植物、动物，有不少是珍稀物种，如长江的白鱀豚、娃娃鱼等，它们共同构成河流的生态系统。水在自然界并不是静止的，而是不停地循环着、运动着的。对于生物、生态圈来

北宋 米芾《春山瑞松图》

说，水循环具有重要意义。降雨、河水流动都是水循环的一个环节。人类生存所需要的水，根本上是靠循环带来的。我们常说没有水就没有生命，其实即使有水，如果其处于静止状态而不能循环，同样是没有生命的。

相比之下，“川，气之导也”作为一个河流定义更显得科学。因为它包含了“通气”，即水汽的蒸发和循环，说明了河流和整个自然环境以及人的关系。这种生命共同体意识无论在高度还是深度上都超越了现代科学。

周灵王二十二年，王城洛阳西部的谷水泛滥，南入洛水，淹及王宫西南。周灵王要“壅川”，即修筑堤防，堵住谷水，让它北流。太子晋劝谏说：“古代圣明的君主治理国家，不开挖山丘，不填平沼泽，不修堤

“古之长（zhǎng）民者，不堕山，不崇薮，不防川，不窦泽。夫山，土之聚也。薮，物之归也。川，气之导也。泽，水之钟也。夫天地成而聚于高，归物于下。疏为川谷，以导其气；陂塘污庳（bì），以钟其美。是故聚不阤（zhì）崩，而物有所归，气不沈滞，而亦不散越。是以民生有财用，而死有所葬。然则无夭昏札瘥（cuó）之忧，而无饥寒乏匮之患，故上下能相固，以待不虞。”——《国语》

堵水，不掘湖放水。山丘是土的聚积，沼泽是物的归宿，河流是通气的，湖泊是水的汇集。天地演化，高处聚为山丘，低处汇集万物，大地被剖开形成河谷川流，以疏通天地之气；湖泊、沼泽、洼地可以聚集丰富的物产。所以，山不崩塌，万物都有归宿；天地之气既不沉滞堵塞，也不消散。这样百姓生活才有财物可用，死后方有安葬之地，不必担忧夭折、昏聩、瘟疫、病患，也不必顾虑饥寒困乏，上下稳固团结，抵御不测之患。”这里“气之导”的“气”既是一个物质概念，也是一个哲学概念。哲学概念的特点是普遍。气既指大气、水蒸气、风、呼吸，也可指构成一切物的材料。天地之气相交，是中国古代哲学的根本观念。交通而和，万物阜生。河流作为一种自然现象，发挥着导气促和的作用。这意味着

宋 佚名《仙山楼阁图》（局部）

河流是促进万物生长的不可或缺的环节。所以，在太子晋看来，对于河流只能疏导以通其气。

所谓“导气”，用科学语言来说是气的循环，其背后的哲学思维是儒家易学哲学中的“复”。“复”是回复、循环。在《周易》中，复卦的卦象是震下坤上，雷在地中，一阳来复。其《彖辞》说“复，其见天地之心”，认为“复”呈现了“天地之心”，即天地生生不息的动力，天地的最高原则。关于循环，罗尔斯顿曾经指出：“生态学教导我们，应该大大扩展我们对于‘循环’一词的理解。人类生命是浮于以光合作用和食物链为基础的生物生命之上而向前流动的，而生物生命又依赖于水文、气象和地质循环。”[①] 利奥波德说：“水，和土壤一样，是能量环线中的一部分。”[②] 水文、气象、地质、能量的循环，都可以包含在气的循环当中。

“川，气之导也”把河流与自然的其他部分视为一个统一的整体，具有整体性和统一性的观念。同时，这个命题又以阴阳观念为基础，说明了河流与自然的其他部分的联系、河流在自然中的作用，强调了河流对于人类的重要意义，更为重视河流的内在价值和神意价值。这些认识都具有超越时代的永恒价值。

7.“国主山川”“川竭国亡”

关于山脉、河流对于人类生存的重要性，《国语》还有一个“国主山川”的命题。“主”是依赖、主导于、主宰于的意思。这个命题是说，一

---

① 霍尔姆斯·罗尔斯顿Ⅲ．哲学走向荒野 [M]. 刘耳，叶平，译．长春：吉林人民出版社，2000:104.

② 奥尔多·利奥波德．沙乡年鉴 [M]. 侯文蕙，译．长春：吉林人民出版社，1997:206.

个国家的命运是由它的名山大川主导或主宰的。具体地说，国家的存在和发展依赖于山峦财用阜足，河川水流丰沛，物产丰富。“川竭国亡”也出自《国语》。周幽王二年，西周的泾、渭、洛三川地区发生了地震。伯阳父由此断定，周朝就要灭亡了。他说：“气在天地间运行有一定的秩序，错乱了就会导致天下大乱。阳气潜伏，阴气压着使它不能散发，就会发生地震。这次三川地区地震，就是由于阳气被阴气抑制而产生的。阳气失去自己的位置，处于阴气之下，河水的源头就会被堵塞；河水源头被堵塞，国家就一定会灭亡。因为水是滋润土地、出产物产供给百姓使用的。土地得不到水的滋润，百姓就没有物产可用，国家能不灭亡吗？过去，伊水、洛水枯竭，夏朝灭亡了；黄河枯竭，周朝灭亡了。现在周朝三条河都因堵塞而枯竭了，恐怕周朝也要灭亡了。”在这段话中，伯阳父的逻辑是这样的：天地之气失序—地震—川塞（河竭）—财用匮乏—国亡。

夫天地之气，不失其序，若过其序，民乱之也。阳伏而不能出，阴迫而不能烝，于是有地震。今三川实震，是阳失其所而镇阴也。阳失而在阴，川源必塞，源塞，国必亡。夫水土演而民用也。土无所演，民乏财用，不亡何待？昔伊、洛竭而夏亡，河竭而商亡。今周德若二代之季矣，其川源又塞，塞必竭。夫国必依山川，山崩川竭，亡之征也。——《国语》

古代的儿童蒙书《幼学琼林》也提到：“夏桀无道而伊洛竭。”可见，川竭在中华传统文化中是一件值得警惕的事情。

想一想

一个国家的主要河流枯竭了，国家就要灭亡，人类文明史上有这样的事例吗？

四、用道德的态度对待土地山川——恩至土地山川

中国古代哲学认为，气在天地万物与人之间不停地流通着，自然和人构成一个没有间断的连续统一体，所以，对待人的仁爱的道德态度可以推广到对待天地万物，这叫“爱人以及物”。体现这种道德态度的提法还有“恩及于土”“恩及于水”“恩及于金石”“德至山陵”等。这些主张的意图用今天的话来说是保护生态平衡，维持自然的健康生命。

1.“恩及于土”：道德地对待土地

中华传统文化认为，土地并不是没有任何活力的、不与环境的其他因素发生联系的死物；相反，自然界是一个有机联系的整体，土地是其中的一部分。土地由气构成，又以气为媒介与环境的其他部分发生联系，是气的循环的一个重要环节。气的循环，用科学术语来说是能量的传导。中华传统文化进一步认为，土地不仅是自然的生命的一部分，而且自身也具有生命。当代英国化学家拉夫洛克曾提出“盖娅假说”，认为地球是“一个活的生物，自行调控其环境，使其适合生命的生长”。这和中国古代哲学是一致的。

儒家文化认为，土地自身具有生命，产生生命并使生命生长。土地的本性，一言以蔽之，就是“生物不测”“天地之大德曰生”。土地的生

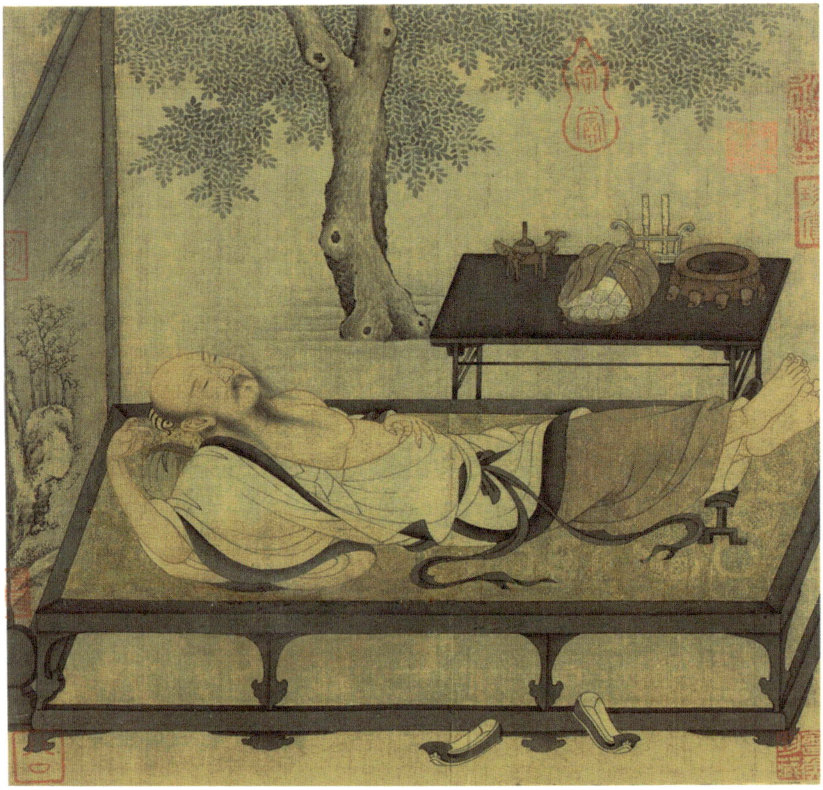

清 佚名《雍正帝祭先农坛》（局部）

命力得到充分发挥，就是它的本性的实现；尽土地之性，就要充分发挥它生养万物的作用。山脉丘陵是森林的生长地、昆虫鸟兽的栖息地，草原湿地是各类水产与飞禽的聚居地，沃野平原是粮食蔬菜等各类作物的生长地，过度砍伐、荒漠化、土壤污染等导致动植物无法生长甚至死亡的行为，都是戕害土地，妨碍它发挥生养之性的行为。作为一个农业大国，中华传统文化不仅对土地有深入的认识，还有深厚的感情，要求用道德的态度对待土地。董仲舒说："道德地对待土地，五谷就会丰收，大地就会生出嘉禾。"相反，"虐待土地，五谷就不会有收成"。

怎么用道德的态度对待土地？《尚书》《周礼》记载，古代有辨土、土会、土宜、土化、沟浍、休耕等办法。这些措施大多具有生态性质，形成了中国有机生态农业传统。中华文明之所以能够延续几千年不断，根本上在于生态性的农业对于土地的呵护，使它从《诗经》时代直到现代仍然能够耕种。没有健康的土地作为支撑，中华文明便难以为继。《管子》把土地的问题上升到政治的高度，说土地是为政的根本。

《禹贡》托名治水圣人大禹，是我国第一篇地理著作，它把中国分为冀、兖、青、徐、扬、荆、豫、梁、雍九州，对大约四千年前龙山文化时期中国各地的自然地理和人文特点、土地土壤的颜色和特性进行了较为详细的辨析。照其所说，各州土地的颜色有黑、白、赤、棕、青、黄几类，特性有坟、壤、埴、涂泥几种。坟是土壤隆起，起伏不平，类似于丘陵而稍低。壤是土质柔和，土性和缓。埴是黏土。涂泥就是湿润的泥土。周代同样十分重视辨土，其目的与《禹贡》略同。《周礼·司徒》把辨土称为“土宜之法”，即辨别十二类特点各异的土地及其物产，分辨其对人的利害，帮助和引导人民定居、繁衍，从事农业生产，种植树木，促进鸟兽繁殖，草木繁荣，以便充分发挥土地的作用。据《诗经》可知，周族的祖先后稷就懂得相地，确定各类土地适宜栽种的作物和敬奉的谷神。《诗经》称赞周族祖先公刘登上山岗，测定日影，察看土地的背阴向阳面、水流的方向，把土地开辟为粮田。

辨土是一项十分重要的技术。《礼记》中有孟春之月，君王命令开始农事。田官“要好好察识丘陵、陡坡、平地、低洼等各种地形，辨别其适合种植什么，怎么种五谷，教给百姓”。《荀子》中说：“观察地势的高低，辨别土壤的肥瘠，安排播种五谷，君子不如农夫。”高低肥瘠都是对土地

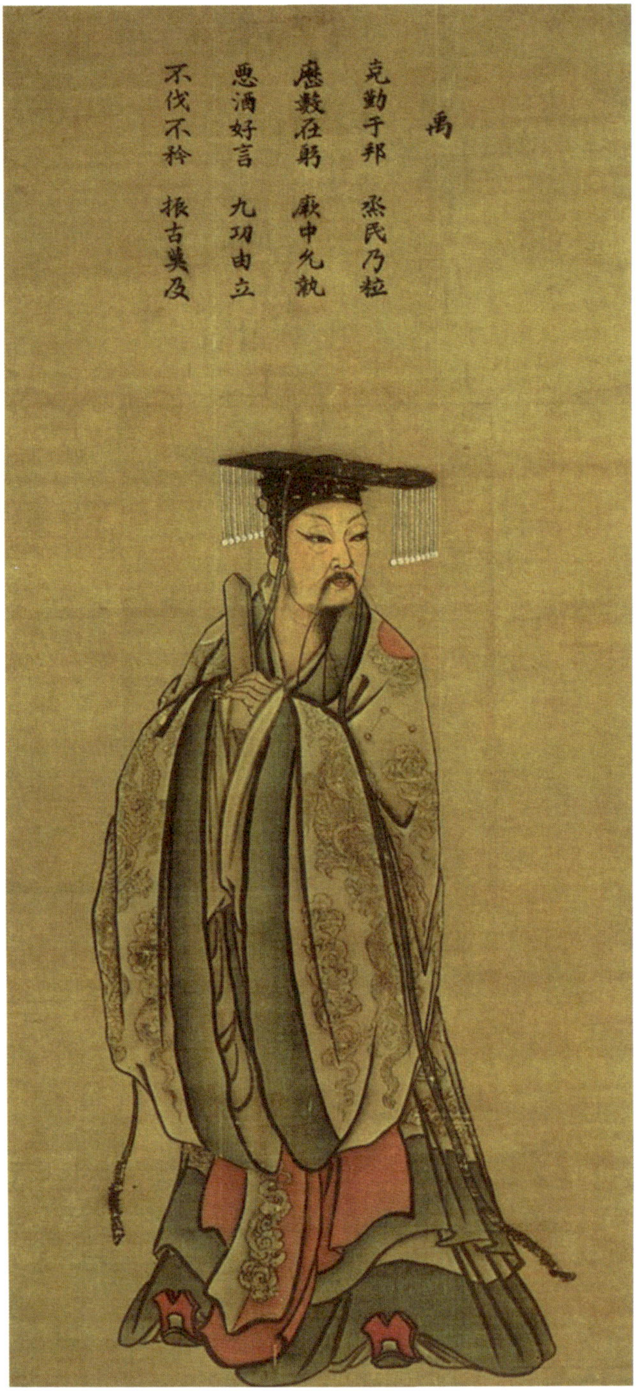
禹
克勤于邦 烝民乃粒
歷數在躬 厥中允執
惡酒好言 九功由立
不伐不矜 振古莫及

宋 佚名《夏禹王立像》

的辨别。

关于水利设施，《周礼》记载，田间有遂、径、沟、畛、洫、涂、浍等排水设施。遂是宽深各二尺的水渠，沟的宽深是遂的两倍，洫的宽深又是沟的两倍。浍是宽深各一丈六的排水渠。这里的单位是周制，比今天的略小。水渠的方向是遂纵、沟横、洫纵、浍横，构成一个体系。浍通向河流。《周礼》记载，遂人是专职负责水利设施的。除了农田水利设施外，还有大型的引河灌溉工程。

“土化之法”是改良土壤的肥田措施。《周礼》中有草人一职，是专门负责这项工作的。具体做法是焚烧草木后用水冲，让灰浸入土地。也有用动物脂肪粪种的方法。土质不同，用不同的动物脂肪浸泡种子。用草木灰肥田是科学的，用动物脂肪肥田尚不知其科学性如何。笔者小时在农村曾亲见生产队用动物脂肪肥田。

休耕是中国古代保持土地肥力的一项重要措施。《周礼》记载，官府授给百姓田地，“不易之地家百亩，一易之地家二百亩，再易之地家三百亩。”“不易之地”是无须休耕的土地，“一易之地”是耕种一年即须休耕一年的土地，“再易之地”是耕种一年休耕两年的土地。休耕也叫作“爰田”“辕田”。据说商鞅变法，在秦国实行过爰田制。《左传》记载，晋国也实行过爰田制。《汉书·食货志》也有古代实行休耕的记录。又据汉代何休说，古代实行三年一换土易居的制度，即把土地分为上中下三等，每隔三年重新分配一次，使每户都能耕作肥硗不同的土地，确保公平。1972年山东银雀山出土的《田法》，证实了休耕和换田易居制度的存在。《田法》记载，百姓田地三年一更换，十年内更换一遍，每户百姓十年中能够把上中下三种土地各耕种一遍。休耕、换田易居的方法是十分科学的。

古代还有保留荒野的措施。《周礼》记载有一种叫作“县师”的官职，工作是掌握城市、郊区、乡村的地域和人口、牲畜、车辆、田地、草莱的数量，以此为依据考核官员。

这里的田地是开发的可耕地，据郑玄、贾公彦的解释，草莱即郊外休而不耕的荒野。《周礼》还记载，官府授田给百姓，也包括草地。一个农夫可得授或上等田地百亩、草地五十亩，或中等田地百亩、草地百亩，或下等田地二百亩、草地二百亩。古人保留草莱可能是为了用作牧地。即便如此，保留荒野对于维持生态平衡仍然是有积极意义的。

在当代生态哲学中，利奥波德提出了“健康的土地”“土地伦理”等概念，要求人把共同体的范围扩展到包括土壤、水、植物和动物在内的整个的土地，在情感上热爱土地。他说：“土地伦理的进化是一个意识的，同时也是一个感情的发展的过程。……当伦理的边疆从个人推向社会时，它的意识上的内容也就增加了。”[1]类似的这些内容在中华传统文化中十分丰富，我们并不陌生。

① 奥尔多·利奥波德.沙乡年鉴[M].侯文蕙，译.北京：商务印书馆，2019:247.

2.“德至山陵”：道德地对待山脉

古人要求用道德的态度对待山脉，董仲舒提出“恩及于金石”。他指出：“把恩德推及山石矿藏，山上就会生出清凉之风；而祸害山石矿藏，就会造成铸造时金属不熔化；冬天不结冰，不上冻，冻坚不成。”董仲舒的话很值得注意，“冻坚不成”其实就是气候变暖。与此相似，《孝经援神契》说：“德至山陵，则景云出。”景云是美好的云彩。凉风、景云，都是善待自然后产生的良好的气候效果，而“冻坚不成”则是气候异常的表现。雾霾和凉风、景云是两类截然不同的东西。山脉和气候系统是密切相关的，善待山脉，也就是善待自然。善待山脉，就是要维持山脉的健康生命。健康的山脉必生花草，必长茂林，必涌泉水，必毓瓜蔬，必居花鸟虫鱼，必栖飞禽走兽，必现奇花异木，必藏珍禽异兽。不唯如此，所有这一切都还要构成一个良好的生态系统，镶嵌在更大的生态系统中，与其他生态部分相得益彰地发挥作用。这是山得其性。

山要实现自己的本性，断非濯濯童山可行。前引孟子论牛山之木业已表明，林木茂美，物产丰富，方是山的本性。春秋时期，子产认识到，植树造林是改善自然环境的有效方法，可谓难能可贵。汉代地方官员贡禹曾经指出，砍伐树木会导致气候异常。他说，汉家王朝为了铸造钱币，管

> 恩及于金石，则凉风出。……咎及于金，则铸化凝滞，冻坚不成。——《春秋繁露》

清　查士标《山水十开之七》

理铁矿的部门和官员设置了不少属吏和工匠。他们开山挖掘铜铁矿石，……凿地数百丈使敛藏在地下的阴气的精华都消散了。地下的阴气空虚，山峦不能含气出云；斩伐树木又不遵守时禁，水旱之灾恐怕就是由此而生的。贡禹的观察是符合科学的，他用阴阳平衡理论来说明这一现象也有一定的道理。人与自然是生命共同体。滥开乱挖，哪里是挖山，简直就

> 今汉家铸钱，及诸铁官皆置吏卒徒，攻山取铜铁，……凿地数百丈，销阴气之精，地臧空虚，不能含气出云，斩伐林木，亡有时禁，水旱之灾未必不由此也。——《汉书》

是刨掉我们的命根。过度砍伐开采导致土壤失去涵养水分的作用，形成无雨即旱、有雨即涝的极端天气，破坏了气候平衡。所以，古人力图在保护自然资源和维持人类生活之间保持平衡。

《周礼》记载，古人设有山虞、泽虞等官职管理山泽。虞官测知山峦的大小及其物产。山虞掌管山林的政令，按照每一物产的范围和区域来守护它们，遵循“取之有时，用之有节”的原则设立禁令，保持生态平衡，维护山脉的健康生命。利奥波德提出“像山那样思考”，要求保持山脉自然形成的生态环境和生态平衡，不要随意地开垦土地，砍伐树木，猎杀郊狼等野生动物。这其实也就是在维持山脉的健康生命。

何休称山川能够“助天宣气布功”，即帮助天地散发、流通气，实现气的循环的作用。“宣气”的结果是出云降雨，润泽大地。《春秋公羊传》上说：“名山大川凡是能够滋润百里大地的，周天子都按等级祭祀它们。水汽从山上生出，拂掠过石面升腾到上空成为云；云气一点点汇聚，最后形成降雨。唯有泰山不到一个上午就能够酝酿一场风雨，滋润百里土地。”所以，天子祭祀泰山。

> 山川有能润于百里者，天子秩而祭之。触石而出，肤寸而合，不崇朝（zhāo）而遍雨乎天下者，唯泰山尔。——《春秋公羊传》

我们要知道，只有健康的山脉才能“助天宣气布功”。荒山秃岭、不毛之地，储存不了水汽，又岂能兴云致雨滋润大地？

3.“恩及于水”：道德地对待河流

“恩及于水”是道德地对待一切水，包括河流、湖泊、沼泽、湿地。提出这个说法的仍是前文屡次提到的汉代著名哲学家董仲舒。他说：“把恩德推及水，地上就会涌出甘甜的泉水……如果君主怠慢宗庙，不祈祷，废掉对天地的祭祀，执法不公，悖逆天时，那么百姓就会生出肤肉肿胀、腹中积水、麻痹、身体孔窍不通等各种病症。祸害到水，就会产生浓雾，天空昏暗不明，必定会暴发洪水，水就会成为百姓的灾害。”这里提到的祭祀祈祷，实际上是在表达对自然的敬畏。

什么是“咎及于水”？古代没有工业污染，也没有农药、化肥导致的农业污染等，但治水的堙而不导，防洪的壅而不畅，都可以说是“咎及于水”。董仲舒应该没见过人们因长期饮用污染水罹患癌症的现象，也没有见过雾霾。可是，他说的“民病流肿”“雾气冥冥”，好似两千多年前就预见到了这些现象，对我们发出了警告。《孝经援神契》也说：“德至深泉，恩及于水，则醴泉出……如人君简宗庙，不祷祀，废祭祀，执法不顺，逆天时，则民病流肿，水张，痿痺，孔窍不通。咎及于水，雾气冥冥，必有大水，水为民害。——《春秋繁露》

则黄龙见，醴泉涌，河出龙图，洛出龟书。”在当代，“德至深泉”的事鲜有所闻，“祸及深泉”的事却屡见不鲜。个别企业把污水注入地下，造成地下水污染。这是典型的“祸及深泉”。地下水的污染比地表水污染更难处理，危害更为长久，简直祸及子孙，贻害无穷！所以，保持水的健康状态，维持河流的健康生命，是我国当代生态文明建设的一项艰巨任务。

4.“报本反始”：敬畏和祭祀土地山川

“报答”一词现在多用来表示对他人给予自己的物质、精神或行为上的帮助的回报和感激之情，如报答父母的养育之恩、朋友的帮助之谊。不过，在中华传统文化中，报答并不限于人和人之间，也适用于人和自然之间。

中华传统文化要求对苍天、大地、土壤、山脉、河流、作物、林木、花草、鸟兽都抱有敬畏之情，负有报答之义，这叫作“报本反始”。“报”，是报答；“反”通“返”，是回馈、回报；“本”和“始”都是根源和来源。

南宋 李大忠（传）《秋葵图》

天地万物是我们生存的根本依靠。我们不仅要报答上天，也要报答土地。社是土地之神，代表所有的土地；稷是谷神，代表所有的粮食。社稷坛是政权的代表，也是祭祀土地之神和谷神的地方。关于建造社稷坛和祭社的意义，《礼记》上说："建立社坛，举行祭祀，是为了像对待神那样对待土地。大地承载和孕育万物，上天垂示给我们日月星辰各种天象。我们从土地那里得到财物维持生命，从上天那里得到法则安排生活，所以要尊敬上天，亲爱土地。这叫作教导人民以报答为美德。家庭以中霤为土地之神，国家以社为土地之神，都是为了表示土地是维持人们生息繁衍的根本。只有祭社，是一里各家都要参加的；只有为了祭社的田猎，是国人都要参加的；为了祭祀社神，国人都要以丘乘为单位供给粮食作为粢盛，这就是'报本反始'，即报答天地的养育之恩，回馈自己来源的根。"

> 社，所以神地之道也。地载万物，天垂象，取财于地，取法于天，是以尊天而亲地也，故教民美报焉。家主中霤而国主社，示本也。唯为社事，单出里；唯为社田，国人毕作；唯社，丘乘（shèng）共粢盛，所以报本反始也。——《礼记》

关于祭祀对象，除了先哲圣王外，《礼记》说：“日月星辰是百姓仰望依赖的天体，山林、川谷、丘陵是百姓获得生活资料的地方，不属于这些类别的，都不在祭祀的范围。”

> 日月星辰，民所瞻仰也；山林、川谷、丘陵，民所取财用也；非此族也，不在祀典。——《礼记》

《尚书·尧典》提出“禋于六宗，望于山川，遍于群神”，也表明了祭祀的范围。“六宗”前文已讲过，为天宗三日、月、星辰，地宗三岱山（泰山）、黄河、海。“六宗”包含一切山、水，岱山（泰山）代表所有的山，黄河代表所有河流或流动的水，海代表所有湖泊，即相对静止的水。“禋”是“洁祀”，即不用肉类牺牲品，具体做法是先烧柴生烟，再把玉帛等牺牲品放上去，通过烟气上达，奉献人的精诚。“望”是遥祭山川。

出于对山川的敬畏之情，中华传统文化赋予山川丰富的内涵。比如，五岳之尊的东岳泰山，代表着上天对君主的功业的认可，有为之君可去祭祀封禅，向天报功。秦始皇、汉武帝都曾在泰山封禅。黄河有“高祖河”之称，“五岳四渎”绝不是单纯的地理描述，还包含着对自然的神意的敬畏情感。关于封禅的意义，《白虎通义》解释说，受命得天下的君王，一定会到泰山封禅，向上天报告自己的功绩。为何一定要到泰山？因为泰山在东方，是万物更替之处，为五岳之尊。

想一想

1. 什么行为会伤害土地？你是否无意识地伤害过土地，比如乱丢垃圾？

2. 善待土地，如何从我做起？

3. 在当今科学时代，还需要把自然神圣化，对其保持敬畏的态度吗？如果需要，该如何表达这种态度？如果不需要，那么该对自然保持一种什么态度？

结论

尊重自然的权利，维持自然的健康生命

以上讲述了中华优秀传统生态智慧，接下来作为结论，我们把这种生态智慧引申到尊重自然的权利，维持自然的健康生命上来。

“权利”是一个哲学、政治学、法学术语，在法律方面，指自然人、法人和非法人组织依法行使的权能与享受的利益。法人不是人，而是一种社会组织，这种社会组织可以和人一样享受权利，承担义务。代表这种组织享受权利和承担义务的人叫作“法人代表”。权利有三个构成要件。一、权利者须有一定的利益，这是权利存在的客观基础，没有利益就谈不上权利。二、权利者须有理性或者自我意识，能够理解和认识自己的权利所在，不知道自己的权利所在也构不成权利。三、权利者必须出于自己的意志，自觉自愿地提出自己的权利主张。如果权利者明知自己的权益受到侵害而仍不通过法定程序主张自己的权利，则超过一定时效后法律会认为权利者放弃了权利，此后即使他再提起诉讼，法律亦不予支持。这是目前通行的对于权利的解释。从这三点来看，权利是一种社会现象，与自然界、自然界事物无关，因为自然界、自然事物没有理性自觉，不能提出权利主张。既

然自然界、自然界事物是没有权利的，那么人对于自然界、自然界事物也不承担义务。表面上看来是人对自然界、自然界事物的义务的事情，往往是对他人的义务的变形。比如，不能随意虐待或杀死一条狗，不是因为狗是一个权利主体或道德对象，而是因为它是某个人的财产，一个人不能随意侵犯他人的财产。这大体是目前国内外关于权利的共识。

从工业革命以来自然环境遭到的严重破坏来看，这种权利观是不完善的。作为自然的一部分，依赖自然生活的物种，我们应当承认自然拥有健康地存在的权利，我们负有维持自然的健康存在与健康生命的义务。我们之所以对动植物等自然界事物负有道德责任，不仅仅是出于怜悯同情之心，还是因为自然本身就具有健康地存在的权利。我们必须把自然的存在提升到权利的高度。人有理性，有能力，更应当有良知。理性和能力应该服从于良知，认识到自然的权利并帮助自然实现自己的权利，这也是《中庸》“尽物之性”的含义所在。

大量的动物灭绝现象警示我们，必须承认生存在地球上是动物应有的权利，要尊重动物的生命权，不能随意剥夺动物的生命，造成种群灭绝。为了维持动物的生存，必须给动物足够的生活空间。照目前来看，人类还不能完全取消食用动物。但动物也能感受痛苦，人类不能肆意加害；对于濒危动物，要给予特别关切。

大量的植物灭绝现象警示我们，植物拥有存在的权利。植物是生态环境的一部分，也是维持健康的生态环境的支撑，生存于地球上是植物在环境演化过程中拥有的权利。人类应尊重植物生存的权利，尊重其生命，为其生长提供有利条件，让其实现自己的生命周期。

严重的土地污染现象警示我们，土地、山脉都拥有自己的权利。土地是在漫长的自然演化过程中形成的，对于地球生态体系来说绝非可有可无的，而是不可或缺的部分。土地的生态功能以各种物理、化学性质为支撑，构成包括人在内的所有生物存在的基础。倘若土地遭到破坏，它的生态性能就会丧失，由它构成一环的整个生态体系进而会失去完整性。所以，从生态的完整性来说，任何一个构成生态体系的事物都有自己的利益和权利。人类应尊重土地的权利，维持土地的健康生命；善待大地，“恩及于土”“德至山陵”，确保土地生生不息的生态功能得到实现，尽土地之性。

河流也有自己的权利。河流有用水的权利，这是河流的基本权利。如果没有水，河流也就死亡了。根据科学计算，一条河流要想健康地存在，至少要保持60% 的水量。现在的问题是，我们对于河流索取太多，留给河流自身的水量太小。河流的又一项权利是空间。水流必须有空间，否则河流同样会消亡。前文说过，世界上本无所谓洪涝，自从有了人，便有了洪涝。为什么？因为河流行洪的空间被人占据了。一定的水量、水质，一定的蓄水行洪空间，都是河流的利益所在，也是它的权利所在。存在即利益，性质即权利。现代文明对于河流有广泛而又严重的依赖，“川竭国亡”至今仍然是一个具有深刻道理的认识，值得我们认真思考和对待。我们一旦侵犯自然的权利，一定会受到生态方面的惩罚。这也敦促我们把自然当作具有自己权利的事物对待。我国古代有很多水利工程，如京杭大运河、灵渠、郑国渠、漳河渠、都江堰等，大都体现了人与自然的和谐，而不是人破坏自然的生态理念。这种与水相处的智慧是值得我们学习的。作为全书的结论，我们提倡：

尊重动物的权利，维持动物的健康生命！

尊重植物的权利，维持植物的健康生命！

尊重土地的权利，维持土地的健康生命！

尊重山脉的权利，维持山脉的健康生命！

尊重河流的权利，维持河流的健康生命！

尊重自然的权利，维持自然的健康生命！

帮助自然健康地生生不息，完善人与自然的生命共同体，达到与天地万物为一体的生态境界！

后记

中华优秀传统文化中天人合一道法自然、成己成物参赞化育的生态智慧，在人类文明史上可谓出乎其类且拔乎其萃，特异秀出而罕有企及。撰写一本书系统地讲述中华优秀传统生态文化，为全社会深化理解我们日用而不觉地浸润于其中的自然智慧，保持对它的珍惜珍重敬畏不弃的态度，也为我国生态文明建设提供文化支撑，是一件极有意义的事情。本书正是为此而作。书中对中华传统文化关于自然的真、善、美、如统一，儒家道家关于自然的不同认识，关于人与自然关系的不同类型的观点，都用古人的典型说法或角度出人意料的文章进行了提纲挈领的串珠式说明。行文则采取现代语陈述辅以方框列出引文的格式，意在便于一气阅读，不断思路，又可为希望深度阅读的朋友提供文言原文。全书配有大量插图以辅助理解，每节还附有一些问题，引导读者做进一步的思考；结束语部分则参照传统蒙学方式编写了一篇《中华传统生态智慧千字文》，以飨读者。

给社会奉献一本经得起时间考验，耐得住反复品味的精品是作者和责编的共同心愿。感谢广西师大出版社责编李茂军和时艳艳同志，从2018年策划本书起到现在已经过去七年了，这期间他们一直耐心地等待我近乎磨蹭的蜗牛式推进。书稿初成后，我们又反复推敲各种细节，甄别精选插图。

为使此书能够适应中等文化及以上程度读者的阅读习惯，出版社还邀请了北京大学附属中学王颖、乔于格、东莞市东华高级中学韩红艳等老师以及其他教学经验丰富的老教师阅读、提建议。如果此书能够得到社会的欢迎，那就要感谢大家的努力；如果书中还有不足，我作为作者则应在修订时加以完善。

乔清举

2025年4月14日

附录

中华传统生态智慧千字文

古人给儿童发蒙，编有《三字经》《百家姓》《千字文》《幼学琼林》等蒙学读物，知识丰富，饶有趣味。本书仿照蒙学读物《千字文》的形式，编了一篇《中华传统生态智慧千字文》。

天地

仰观俯察，易准天地。乾坤震巽，艮兑坎离。
八卦五行，阴阳之气。曰水曰火，木金与土。
水曰润下，火曰炎上。木曰曲直，金曰从革。
土爰稼穑，藉田亲耕。天地氤氲，万物化醇。
阴阳和合，众物是生。一阴一阳，之谓道体。
阳生阴成，相反相济。坤元乾元，资生资始。
元亨利贞，继善成性。天气下降，地气上齐[1]。
万物之生，各得和气。天地之心，仁者生意。
神妙万物，生生不息。大德曰生，生生谓易。
和实生物，同则不继。大美不言，明法不议。
土地壤田，各有性理。土会土化，爰田土宜。
休而不耕，草莱禁辟。恩及于土，嘉禾以兴。

① 齐，同“跻”，升。

咎及于土，五谷不成。报本反始，社以神地。
敬事山川，祭祀成礼。水钟为泽，山乃土聚。
聚土成山，风雨兴焉。水草交厝，以阜民用。
天地交泰，山泽通气。山川出云，天降时雨。
水不润下，怀山襄陵。大禹治水，导而不堙。
导滞疏川，九州以奠。宜通戒壅，川者导气。
国主山川，川竭国亡。德至山陵，则出景云。
恩及金石，是兴凉风。咎及金石，冻坚不成。
恩及于水，则出黄龙。德至深泉，醴泉以涌。
河出龙图，洛出龟书。咎及于水，雾气冥冥。

动物

龟龙麟凤，是谓四灵。德及鸟兽，化及鱼虫。
君子德仁，各遂其性。麒麟游郊，来仪有凤。
网开三面，田礼三驱。曰暴天物，田不以礼。
里革断罟，鲁恭三异。钓而不纲，宿不射弋。
爰为埋马，敝帷不弃。曰为埋狗，敝盖不遗。
爱人及物，违伤其类。法雄纵虎，程颢放蝎。
韩愈祭鳄，子厚宥蛇。茂叔留草，大程观鱼。
负重致远，牛马之用。报本反始，至仁尽义。
顺性取时，勿伤幼萌。刳胎杀夭，麒麟不至。
竭泽而渔，蛟龙远去。覆巢破卵，凤凰不翔。

植物

万物之善，于木为先。山林薮泽，有国之宝。
兴云致雨，供给财用。曰神曰灵，山林之祇。
灵芝瑞草，嘉禾连理。恩及草木，树木华美。
咎及于木，茂木枯槁。顺木之天，以致其性。
松柏之性，岁寒不凋。有事山林，列树表道。
播厥百谷，遍尝百草。敦彼行苇，牛羊勿践。
召公甘棠，人不忍伐。德至草木，方长不折。
不夭其生，不绝其长。草木滋硕，斧斤不操。
庭草不除，天地生意。取之有时，用之有节。
仲冬斩阳，仲夏斩阴。必因杀气，以应阳阴。
欣欣向荣，水木自亲。恩及草木，有周勃兴。
嘉禾瑞草，应和气生。

人

天地之性，惟人为贵。五行秀气，鬼神之会。
天地之德，惟天地心。承天理物，照管天地。
成己成物，参赞化育。女娲补天，夸父逐日。
精卫填海，愚公移山。禹治洪水，汤祷桑林。
四合其德，三尽之性。天人合一，浑然同体。
诚者天道，鸢飞鱼跃。乐水乐山，智仁心地。
孔颜乐处，活泼泼地。吾与点也，浴沂风雩。
仁民爱物，民胞物与。道法自然，原美达理。
延天佑人，德合天地。